成功心理学

Positive Psychology

詹启生 著

天津大学出版社
TIANJIN UNIVERSITY PRESS

图书在版编目(CIP)数据

成功心理学/詹启生著.—天津:天津大学出版社,2005.11(2024.01 第3版)
ISBN 978-7-5618-2208-1

Ⅰ.成…　Ⅱ.詹…　Ⅲ.成功心理学　Ⅳ.B848.4

中国版本图书馆 CIP 数据核字(2005)第116036号

出版发行	天津大学出版社
地　　址	天津市卫津路92号天津大学内(邮编:300072)
电　　话	发行部:022-27403647
网　　址	www.tjupress.com
印　　刷	天津泰宇印务有限公司
经　　销	全国各地新华书店
开　　本	148mm×210mm
印　　张	7.75
字　　数	230千
版　　次	2005年11月第1版　2008年3月第2版 2024年1月第3版
印　　次	2024年1月第4次
定　　价	36.00元

第 3 版前言

2023 年是比较特殊的一年，是天津大学心理研究所创建 20 周年，同时也是我向学校教务处申请开设“成功心理学”课程 20 周年。

20 年来，“成功心理学”这门课程的教学也经历了一系列的变化。从提交教学课程的申请到课程正式设立并开展教学（2004 年上半年），从自编教材资料到正式教材出版（2005 年下半年），从入选天津大学素质教育精品课程（2007 年）到荣获天津大学优秀教学成果奖二等奖（2008 年），从荣获天津大学第三届社会科学优秀成果奖一等奖（2008 年）到荣获天津市人民政府颁发的天津市第十一届社会科学优秀成果奖二等奖（2008 年）……在这些荣誉的背后，我欣喜地看到接受过“成功心理学”教学的广大学生们的成功心理素质得到了提升。

由于自身原因，在 2011 年至 2019 年，“成功心理学”这门课程的教学暂停了一段时间。教学虽然没有在课堂进行，但成功素质教育的理念依然碎片化地融入到其他相关教学实践中。

2020 年新冠疫情爆发后，线上教学在替代传统课堂教学中发挥了重要作用，为助力学生在特殊疫情背景下提升成功心理素质，增强学生应对各种复杂情境的挑战能力，我重新筹备开设“成功心理学”的教学。

近十年的社会快速变化与发展，让我们看到了不仅课堂教学对象从 90 后群体转变为 00 后群体，更让我们看到了学生思想观念体系、生活方式与行为方式等的变化，教材、课程因此需做相应的修改与调整。

曾经在学生中广泛流行的博客、BBS 等已逐步退出人们的生活，而微信、公众号、小程序等成了人们的日常沟通平台。近十年，世界总人口新增近 10 亿；人们在继续追求着更快、更高、更强的道路上取得了新突破，还新增了更团结；国内各类普通高校数量增加近千所，在校大学生数量几乎翻倍增长，从 2 000 多万增加到远超 4 000 多万；世界各著名大学也在持续开拓、创新与发展，彼此排名不断出现新变化……“成功心理学”的内容建构总体上没有变化，但根据时代变化部分内容与案例做了调整，这样可以更好地贴合新时代的大学生的要求。

作者个人水平有限，期待各位学生、各位老师以及相关领导能不断地对这门课程的教学提出宝贵建议，从而为更好地提升高校学生的成功心理素质发挥更大的作用。

詹启生

天津大学心理研究所创始人、所长

中国心理学会心理危机干预工作委员会副主任

2023 年 10 月 2 日于北洋园

第2版前言

自2005年11月《成功心理学》正式出版问世以来,很快得到了读者们的认可,在不到一年的时间内,此书便进行了第二次印刷。而且第二次印刷后,在一年之内又很快销售一空。

2006年与2007年,“成功心理学”课程的发展又历经了两年(即四个学期),期间我不仅在天津大学继续开设此课程,而且在不断完善此课程,优化教学各个细节,包括每一个概念、每一个案例、每一个方法等,认真吸取各位督导教师的听课建议,深入选课学生中切实了解他们的听课体会,仔细记录他们的肺腑之言,并及时把它们融入此课程的教学改革之中,真正做到精益求精。

辛勤的劳动终于换来了成功的果实,2007年,“成功心理学”被评为天津大学大学生素质教育的九大精品课程之一。

两年来,我不仅在校内坚持从事“成功心理学”的一线教学,而且努力向全国高校教师进行着“成功心理学”的教学推广工作,最终使更多高校的大学生能从中受益,促进他们在生活、学习、事业与家庭等多方面的成功。

2006年1月,2006年9月,2007年3月,2007年11月,我先后举行了第一届、第二届、第三届与第四届的“成功心理学”师资辅导与教学交流会(并在2007年12月还增加了一次“成功心理学”的补充辅导),来自天津、北京、上海、重庆、吉林、辽宁、山东、安徽、湖北、江西、浙江、四川、广东、云南、宁夏、陕西等省市区的心理专家先后接受了辅导并就“成功心理学”教学进行了广泛交流，为在我国全面推动“成功心理学”的教学起到了促进作用。

经过每一个学期的教学互动，每一届师资辅导与教学交流会议，都使我在“成功心理学”课程教学方面有新的进展。可以肯定，随着今后“成功心理学”教学的进一步深入与每年两届的“成功心理学”师资辅导与教学交流会的持续举行(一般在每年的3月与9月的第三个周六与周日，相信“成功心理学”这门课程会不断走向更加成熟。

教学相长，这是我在《成功心理学》再版前最想表达的四个字。为此，我不仅要感谢数以千计的选修此课的学生，还要感谢来自全国各地接受师资辅导的老师，是他们共同推动了这门学科的发展与这本教材的再版。特别地，天津大学2007~2008学年第一学期“成功心理学”全班每位同学在所提交的《成功心理学》再版建议中都情真意切地发表了自己的观点，提出的建议都非常到位，我在本次再版教材中对他们提出的中肯建议都全部采纳了。

第2版教材的整体结构没有做大的调整，修正内容主要侧重在如下四个方面：一、对部分过时的内容与冗长的案例做了删除；二、对部分不适合的案例与方法进行了修改；三、对部分错误描述与不恰当用词进行了更正；四、对部分最新的数据与材料进行了补充。

詹启生
2008年1月10日

前　　言

当我还是小孩子时,心里就常有一个梦:我要像一些优秀学生一样取得大的“成绩”。后来,“成绩”二字变成了“成就”。再后来,“成就”又被“成功”二字替代。

从“成绩”到“成就”再到“成功”,尽管其含义变得越来越模糊,但“成功”的种子正是按这条轨迹在我的幼小心灵中扎下了根,并且在一天又一天地茁壮成长。

随着年龄渐渐地增长,我围绕“成功”在不断地进行深入的思考,也正是在对“成功”的思考与探索中度过了自己的学习生涯(包括学士阶段、硕士阶段与博士阶段的学习)以及一段令人难以忘怀的工作经历。

真正促进我对成功有实质性的深层认识,那还是在我读大学一年级的第二学期时,我接触到了一本华东师范大学编写的《心理学》教科书,阅读完此书的最后日期是 1985 年 5 月 7 日。

正是这本《心理学》,给了我思考“成功”的一个崭新视角。从心理学的视角去了解成功的内涵,从心理学的视角去揭示成功的规律,从心理学的视角去撒播成功的种子,让成功遍布人间生活。就这样,我思考于“成功”与“心理学”之间,行动于“成功”与“心理学”之间。在我心中,“成功”与“心理学”之间逐步形成了一种明晰的链接和结合,这就是我心中的“成功心理学”。

成功不仅需要成功的思想,更需要成功的行动。1988 年,也就是我大学毕业的那年,我给班上每一位好友的留言中都留下了同样的一句自我“名言”:“索取乾坤,揭穿心理,奉献仁人”。我用这12个字表达了自己的愿望和梦想,也正是这12个字使我成为心理学硕士、心理学博士。

从接触第一本《心理学》到现在,已经整整20年了。20年的积累与探索使我对“成功心理学”有了一个比较系统化的构思,并形成了一定的体系。从南开大学毕业来到天津大学工作,既宽松又紧张的教学科研环境与天津大学“实事求是”的校训最终使我对“成功心理学”的构思转变成了“成功心理学”的课程。

针对同学们对成功的渴求,结合自己多年的构思,我于2003年向学校教务处申请开设“成功心理学”的课程。第一次开设“成功心理学”的时间是2004年的上半年,当时学生选课人数为200余人。考虑到同学们的选课热情,2004年下半年,我继续开设“成功心理学”课程时,把选课人数增到300名,结果很快爆满。2005年上半年,为了改进教学效果,对选修“成功心理学”的学生人数做了适当调整。经过近两年的教学实践,“成功心理学”的教学结构体系及其布局已经逐步趋于合理与成熟。

影响成功的因素很多,本书仅局限于从心理学视角对影响成功的心理品质因素进行分析与探索。

本书共分四篇:优劣起点篇、目标终点篇、拼搏过程篇、终身成功篇。在优劣起点篇中,主要是通过对一个人的优势与劣势进行剖析,从中确定一个人的正确起点,给自己一个科学的定位。在目标终点篇中,主要对目标的选择、目标的分解和目标的设置等进行科学的阐述。在拼搏过程篇中,则主要介绍如何培养人们的各种实际能力,其中包括一般能力,也包括特殊能力。在终身成功篇中,主要阐述的是一个人如何正视自己所处的不断变化的时代、生活空间以及随自身年龄的变化而不断需要自我调整的成功心态,为获取可持续的成功奠定基础。

本书各篇章主题鲜明,结构严谨有序,并且摆脱了传统心理学分支学科按知情意进行布局的结构体系，这也正是本书的一大特色。

本书可以作为普通高校提高学生心理素质的教材，作者可以优惠提供与本书配套的多媒体教学软件，全套共计15讲（第一章至第十五章）。

在本书的出版过程中，得到了天津大学出版社的大力支持，在此表示感谢！

由于作者个人水平有限，书中错误之处难免，敬请不吝指出，以便校正修改。

詹启生

2005年8月31日于北洋园

目　　录

绪论

优劣起点篇

目标终点篇

拼搏过程篇

终身成功篇

绪　论

第一章　成功心理学研究的对象、目的、方法与内容

第一节　成功心理学的研究对象

谈到“成功心理学”,人们首先要问的问题肯定不少。如“成功”是什么?“成功的标准”是什么?“成功心理”具体内涵又是什么?“成功心理学”与“成功学”有何区别与联系?“成功”是命中注定的还是拼搏争取的?……诸如此类的问题都需要我们在深入讲述此课程前做出明确的回答。

不过最基本的问题还是“成功心理学的研究对象”。

对于成功心理学的研究对象,我们可以简要地用一个字高度概括,那就是“人”。具体而言,成功心理学的研究对象可以从以下三个方面来理解。

一、成功心理学的研究对象是成功的人

成功心理学作为心理学的一个分支,从总体上说,它的研究对象同样是“人”。但如果要让我们的回答更明确一些,成功心理学的研究对象就应该在“人”字前加一个修饰词“成功的”,即“成功的人”。

然而,“成功”是与“失败”相比较而存在的一个概念。成功与失败

实质上是在同一个维度、但在不同方向上的对比现象。从数量上来度量的话,其内涵就更加明确了。如果把成功与失败作为一个维度,暂叫“成功度”,那么从最失败、较失败、一般、较成功到最成功就可以把成功描绘成一个系列谱图,参见图 1。在这成功度的论述中,绝对的失败就是成功度为零值的成功。

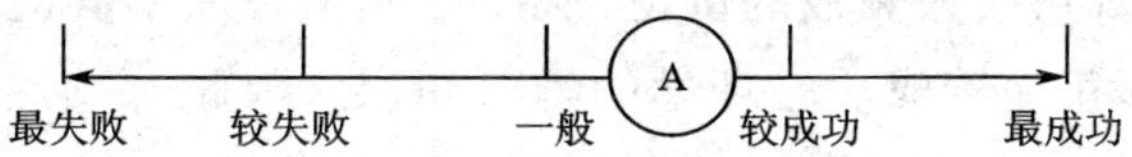

图 1　成功系列谱图

在成功系列谱图中,每一个人都可以找到自己的位置。在图 1 中,某人 A 对自我的成功度的估价就在“一般”与“较成功”之间。

对此,天津大学心理研究所还在天津市的 12 所高校(天津大学、南开大学、河北工业大学、天津医科大学、天津工业大学、天津中医学院、天津工程职业技术学院、天津广播电视大学、天津职业大学、天津音乐学院、天津财经大学、天津师范大学等)的 10 000 名大学生中开展了一项相关调查(回收有效问卷 7 059 份,有效回收率为 70.59%)。其中有一个关于“自我成功度”的调查,题目是:“到今天为止,我觉得自己是______的”,选项一共有 5 个:很成功、较成功、一般、较失败、很失败。调查结果参见表 1。

表 1　当代大学生自我成功度及其变化

成功度	人数(2003 年)	百分率(2003 年)	人数(2023 年)	百分率(2023 年)
未答	59	0.8	0	0
很成功	210	3.0	26 696	14.4
较成功	2 748	38.9	54 329	29.2
一般	2 974	42.1	90 513	48.7
较失败	868	12.4	10 957	5.9
很失败	200	2.8	3 375	1.8
总数	7 059	100.0	185 870	100.0

从表1可以看出,在当代大学生中,真正能感受到自己是一个成功者的人数仅占41.9%。其他将近六成的同学根本没有感受到自己是一个成功者,而且值得引以关注的是还有15.2%的大学生认为自己是较失败的或很失败的。

我们要阐述成功,同样必须阐述失败。在引用成功的案例时,也必须适量甚至等量引入失败的例证,从而使成功心理学从正反两面来丰富其内容,真正完善成功心理学的学科知识。因此,在本书中,我们不仅会展示一个个取得优异成绩或获得一个个奖项的大学生的风采,也同样会披露一个个挂科、试读、退学或被开除的大学生的本来面目。

二、成功心理学的研究对象是获取成功的心理品质

如果仅仅把成功心理学的研究对象停留在"成功的人"这个层面上,那么对成功的研究就很难深入。研究成功者的本质在于揭示成功的规律,而成功的规律有着广泛的内涵。

在这里首先应把成功心理学与成功学明确区分开来。成功学研究的内容应该更加广泛,它包括对成功的理论研究、成功的影响因素的研究、成功案例的分析、成功分支学科的研究等等。而成功心理学则是从心理学的视角对成功开展研究,从学科体系上来说,成功心理学仍然是属于成功学与心理学之间的边缘学科,它主要是研究成功课题中与心理学有关的部分,简言之,即为"获取成功的心理品质"。

譬如,人们的观察类型有整体型(善于从整体对事物进行观察)与细节型(善于从细节对事物进行观察),那么,这不同观察类型对成功有影响吗?有的人善于记数字公式、定理,有的人擅长记语言文字材料,那么,不同的记忆方式对成功又有何影响呢?……在成功研究中诸如此类的与心理学有关的问题正是成功心理学所要研究的内容。

对于与成功有关的政治因素、环境因素、经济因素、历史因素等,则不是成功心理学的研究内容,但是如果这些因素影响了一个人的心理变化并影响了此个体的成功,则仍然是成功心理学的探讨主题。

同时，成功心理学与心理学也要区别开来。可以说，成功心理学又是心理学的一个分支学科。成功心理学不研究感觉、知觉、记忆、思维、想象、智力、气质、人格等一般性纯心理学主题，而是把心理学的主要内容作为一种研究视角，从这一特殊视角来揭示成功的规律。

三、成功心理学的研究对象是目标渐近的过程

成功就是目标的实现。但是，成功心理学不仅关注目标实现的结果，更重视目标实现的过程，特别是对目标实现过程中心理因素的作用。

综合以上内容可知：成功心理学是介于成功学与心理学之间的交叉学科。它的研究对象是影响成功结果及其过程的心理因素。

第二节　成功心理学的研究目的

在明确了成功心理学的研究对象以后，接着还需要明确的一个内容就是成功心理学的研究目的。我们之所以对成功心理学开展研究，就在于成功心理学对于我们科学合理地行动、改进学习工作、提高生活质量等具有指导性意义。

现就成功心理学的研究目的具体阐述如下。

一、成功心理学的研究目的是揭示影响成功过程的心理要素

到目前为止，成功心理学家们研究发现影响一个人成功的心理因素很多，如感觉的敏锐性、注意的稳定性、需要满足的抑制性、动机的维持功能、理解的深刻性、记忆的持久性、语言表述的明确性、情绪的可控性、行为的果断性等都分别对成功具有重要的影响，因而是影响成功过程的心理要素。但是，影响成功过程的心理要素到底有多少呢？现在还没有一个系统的结论。随着成功心理学研究的不断深入，人们会对影响成功心理学的因素有越来越多的认识。

某作家高士，正在完成一本构思良久的书，但在积累了一定的资料以后，便发现完成此书的难度非常大，需要付出的努力还相当艰辛。是继续努力完成此书？还是就此搁笔停止写作？正处在徘徊状态的高士主意不定。一天晚上，高士做了一个梦，在梦中，他的几个作家朋友与他一起在竭力地攀登一座巨大的圩堤，此圩堤不仅长，一眼望不到边，而且看来有上百米高，更困难的是圩堤的坡度特别大。就这么一个巨大圩堤横亘在高士的面前，高士彷徨在圩堤前。是爬过去，还是就此不前？当时高士的其他几位作家朋友明确表示放弃，并沿着圩堤底线行走，而高士却毅然决定自己爬过去。爬呀，爬呀，在爬了很久很久以后，高士终于爬到了圩堤的顶面。他发现了圩堤的顶面很窄很窄，不到一尺宽，同时他发现了一个非常壮观的景象，圩堤的另一面坡度非常平缓，而且完整地覆盖着一张巨大的棉被，此棉被从圩堤之顶扩展到圩堤之底，并且一直延伸到无边无垠的地方……

当高士从此梦中醒来时，他感到异常兴奋，他马上摇醒爱人，激动地说："我做了一个好梦，我做了一个好梦。"高士解释道："此梦告诉我，我可以完成我构思的那本书了，因为我登上了那座圩堤。"

就这样，又经过了半年多的艰辛努力，高士终于完成了他构思的那部著作。

梦，是不是影响一个人成功的心理因素呢？这个例子似乎告诉我们，潜意识状态的梦对我们的思想与行为以及事业的成功有着不可忽视的作用。但梦是否属于影响成功的心理要素以及梦的作用还都需要做进一步的分析。另外，影响成功的其他心理因素也有待于我们去不断发现。

二、成功心理学的研究目的是揭示成功的心理要素与人生具体事件之间的对应关系

成功心理学的规律不是抽象的，而是存在于人生各种具体事件之中。一般说来，不同心理要素在同一事件的成功过程中的作用不同；同样地，同一心理要素在不同事件的成功过程中的作用也不同。但是，要找到成功的心理要素与人生具体事件之间的对应关系并不容易，这正是成功心理学的研究目的之一。

需要引起注意的是，成功心理学与英语、计算机科学一样是属于工具性学科。英语，可以使我们走向世界，开展国际性交流，开拓我们的视野；计算机科学，可以使我们运筹帷幄之中，把握天下之变，快捷处理信息；成功心理学，可以使我们明确自我优劣，具备良好心态，快速实现梦想。

不论是英语、计算机科学，还是成功心理学，它们都离不开具体事件。英语是从语言符号上来陈述事件，计算机科学通过信息数据处理事件，成功心理学则通过心理规律完成事件与实现愿望。

成功心理学需要探索的人生具体事件具有明显的年龄特征。在不同的年龄阶段，具有不同的事件。就在校大学生而言，他们需要完成的事件主要包括学习、交友、恋爱、择业等。因此，揭示大学生成功的心理要素与人生具体事件之间的对应关系，就是要揭示大学生成功心理要素与他们的学习、交友、恋爱、择业等这些具体事件之间的对应关系。

三、成功心理学的研究目的是揭示成功的心理要素与成功的言语行动之间的规律

成功心理学不仅是一门理论科学，而且是一门实践科学。它在揭示成功的心理因素以及成功的心理要素与人生具体事件之间对应关系的同时，还特别注重成功的心理要素与成功的言语行动之间的规律的研究。

综上所述，成功心理学的研究目的主要由三个方面组成：一是揭示影响成功过程的心理要素；二是揭示成功的心理要素与人生具体事件之间的对应关系；三是揭示成功的心理要素与成功的言语行动之间的规律。或者简单地说，成功心理学的研究目的就是揭示成功心理规律并指导人们更好地实现各自的人生梦想。

第三节 成功心理学的研究方法

为了揭示个体心理因素对其成功的影响规律，需要有一定的科学方法来保证。在成功心理学的研究中，常用的方法有观察法、实验法、调查法、测验法、经验总结法、产品分析法、比较法、案例法、文献分析法、传记法、咨询法、行为训练法等。

一、观察法

观察法就是有目的地用眼睛去看、用耳朵去听、用鼻子去嗅、用舌头去尝、用手脚去触等方法来认识人或事物的方法。使用观察法可以在自然状态下进行，也可以在控制条件下进行。前者就是自然观察法，后者就是控制观察法，也就是下面将进一步需要阐述的实验法。

在成功心理学的自然观察法研究中，就是通过对特定的“成功对象”进行观察，发现他取得成功时的心理特点和规律。

某大学每年都要从所有大学生中评选出“十佳大学生”，并从所有研究生中评选出“十佳研究生”。一位研究成功心理学的工作者Z决定对这十佳大学生的行为规律做一个系统的自然观察，并针对他们设计了一系列的观察项目。Z先获得这十名大学生的联系方式及其个人资料，然后通过院方辅导员的配合，分别在十佳大学生的同宿舍同学中选择一位同学作为观察者，在对十佳大学生不产生干扰的情况下，由这些观察者按照Z设计的项目分别对相应的十佳大学生进行观察，观察时间持续一周。然后，把观察结果统一交到Z处进行分析。

上述研究方法就是自然观察法的设计方案。自然观察法的特点是：研究所获取的资料比较可靠、真实，操作方便，但观察过程不好控制，无关因素较多，分析难度较大。

二、实验法

实验法就是通过控制一定的条件对具体对象进行观察的研究方

法。因此,实验法又称为控制观察法。实验法通常分为实验室实验法和现场实验法两种。

实验室实验法要求实验在严格控制条件的实验室中进行,实验操作规范,有一定的程序,其中包括使用一些必要的实验仪器或实验设备。

现场实验法同样要求控制实验条件,但它又兼有自然观察法的特点。实验不在实验室中进行,而是在各种事件的现场进行。如对大学生的成功心理进行现场实验研究,就可以选择在教室、会场、图书馆、游泳池、餐厅、公寓、公路上、楼道里等各种场合进行。

某大学生S(代表Student)人际关系很好,是一个同学们公认的"交友成功者"。心理学工作者Z决定对S设计一个实验研究,研究S对"人际批评"与"误解"的处理方法与态度,具体实验是通过S的任课老师在课堂上配合完成。此后,又通过与S同班的一位同学配合观察其反应并询问S的体验,同时做好相应记录。通过此实验研究可以发现"交友成功者"应对"人际批评"与"误解"的规律。

上述研究方法就是现场实验法的一种操作。现场实验法的特点是:既控制了一定的条件,又与真实生活状况比较接近,其研究结果具有更强的实用性。

三、调查法

调查法就是研究者针对某一问题通过口头回答的方式或者通过书面问答的方式来反映被调查者的观点与行为。调查法通常可以分为访谈法与问卷法两种。

访谈法通常是指研究者为了研究某一课题内容而设计好一整套问题,并以这些问题为线索,通过与被调查者面对面的交谈,让被调查者回答,由此收集相关研究资料,并通过这些资料来分析被研究者的心理特点和规律。

问卷法则是指研究者把设计好的一整套问题以书面的形式呈现给

被调查者,由此收集资料,并通过对资料的分析来反映被调查者的心理与行为规律。

针对“成功心理学”这门课程的开设情况,我们提前做了一个开课前的调查,调查在天津市12所高校之中进行。具体调查题目是:“如果学校开设‘成功心理学’的课程,我______选修。”选项有两个:一个是会选,另一个是不会选。调查有效回收问卷7 059份,结果参见表2。

表2 选课人数分布

选项	人数	百分率(%)
未答	86	1. 2
会选	4 984	70. 6
不会	1 989	28. 2
总数	7 059	100. 0

从表2看出,在学校开设“成功心理学”课程时,学生选修此课人数的比率将高达70. 6%。此调查结果显示大学生对“成功心理学”课程的开设表示热烈欢迎。

上述研究方法就是问卷调查法。问卷调查的对象通常以个体回答的方式进行,不过通常是通过这些个体的回答来最终推测相关群体的心理与行为规律。

四、测验法

测验法就是通过使用一个或几个具有良好信度与良好效度的心理量表,按照规定的测验程序,对特定的个体或群体施测,最后根据标准化常模对测试结果进行解释,从而发现相应研究对象的心理与行为规律。测验法,即心理测验法。

在成功心理的研究中,通过测验的方法可以发现成功的心理与行为规律。

有无知心朋友是一个人“交友是否成功”的客观标准之一。那么有无知心朋友与一个人的自尊有没有关系呢？为此，我们在大学生中开展了一个相应的心理测试。对大学生的自尊水平进行测试使用的量表为罗森伯格自尊量表（Rosenberg Self-esteem Scale，1965），即 SES 量表。此量表由 10 个条目组成，分 4 个等级计分，它具有良好的信度与效度。

研究分两部分进行。首先用“有无知心朋友”作为大学生的人际关系状况的一个指标，通过调查发现，绝大多数大学生具有知心朋友，无知心朋友者只占少数。有无知心朋友的人数具体分布如表 3 所示。

表 3　有无知心朋友的大学生人数分布及自尊平均值表

知心朋友状况	人数	百分率（%）	自尊平均值	标准差
未　答	7	0.3		
有知心朋友	2 318	89.2	28.594 5	3.910 1
无知心朋友	273	10.5	26.739 9	4.354 9
总　数	2 598	100.0		

表 3 显示，在 2 598 名大学生中，除 7 人未作回答外，只有 273 人回答“无知心朋友”，占 10.5%，其他 2 318 人回答有知心朋友，占 89.2%。

其次，把有知心朋友与没有知心朋友的两类大学生在自尊水平上的得分进行 t 检验，检验所得结果如表 4 所示。

表 4　有无知心朋友的大学生的自尊比较

	Levene 检验		t 检验		
	F	Sig.	t	dF	Sig. (2-tailed)
有知心朋友与无知心朋友	5.558	0.018	7.320	2 589	0.000

结果显示：有知心朋友的大学生比无知心朋友的大学生在自尊水平上要高，而且两者的差异显著。

对于测验法的结果要进行合理解释。如就上述有无知心朋友与自尊心之间的关系而言,其中反映的是相关关系,而不是因果关系。事实上,一方面,交友成功可以提高一个人的自尊心,另一方面,自尊心较高者又有利于一个人交友成功,两者互为因果。

五、经验总结法

经验总结法就是研究者对研究对象的相关经验进行总结,由此得出相应的心理与行为规律。在成功心理学中,经验总结法主要体现在两方面:一是成功者本人对自我成功经验的直接总结,二是熟知成功者事迹的人对成功者的成功经验的间接总结。一般研究者使用较多的仍然是间接经验总结法。

经验总结法可以通过很多形式展现出来,如报告会、讲座、对话、采访、录像、电视或广播节目等。在高校中,大学生们常见的“优秀大学生报告会”“与名人面对面”“聆听成功者的声音”的各种活动都可以使同学们获取成功者的经验,并通过对有关成功经验的总结,发现其中的成功心理与行为的规律。

六、产品分析法

产品分析法就是通过对一个人的活动产品的分析来揭示此人的心理与行为规律。在产品分析法的使用中,首先需要界定的就是“产品”的内涵。“产品”通常是指一个人的活动产品,因为活动产品通常是一个人的内心世界的外化。通过对成功者或失败者的活动产品分析,可以发现相应的成功心理和成功行为的规律。

七、比较法

众所周知,成功是与失败相比较而存在的。对同一群体中的成功者与失败者的行为进行比较,可以揭示出成功心理规律。具体的比较方法很多。可以在性别上比较,如男性与女性在成功方面的对比;也可以在某些性格特质上进行比较,如内向者与外向者在恋爱行为方面的差别;还可以用于向上比较或向下比较,等等。

比较法，除了可以用于一个人与另一个人之间的行为进行比较外，也可以用于同一个人把自己过去行为与现在行为进行对比，从中得出自我成功的规律。

为了比较南方人与北方人人格的差异，我们随机抽取了南方人与北方人各 200 人进行调查。然后让他们对每一个被调查的学生都问同样的四个“开放式”问题，让他们自由填写。这四个问题是“北方人的最大优点是________；北方人的最大缺点是________；南方人的最大优点是______；南方人的最大缺点是______”。同时，把被调查对象的籍贯等个人信息资料记录好。

结果分成四大部分。第一部分是，北方人与南方人对北方人优点的看法。第二部分是，北方人与南方人对北方人缺点的看法。第三部分是，北方人与南方人对南方人优点的看法。第四部分是，北方人与南方人对南方人缺点的看法。这四部分的具体统计结果如表 5 至表 8 所示。

（一）北方人优点的自我观与他我观

来自北方的和南方的各 200 名大学生分别对北方人最大优点进行了描述，统计结果如表 5 所示。

表 5　北方人最大优点的统计表

北方人的优点	北方人的观点		南方人的观点	
	人数	百分数	人数	百分数
豪　爽	103	51.5	107	53.5
热　情	22	11.0	21	10.5
诚　实	19	9.5	12	6.0
朴　实	13	6.5	11	5.5
大　方	12	6.0		
真　诚	8	4.0		
耿　直	2	1.0	3	1.5

续表

北方人的优点	北方人的观点		南方人的观点	
	人数	百分数	人数	百分数
重情义	2	1.0	2	1.0
身材高大	2	1.0	11	5.5
聪　明	1	0.5		
说话标准	1	0.5	5	2.5
乐于助人			1	.5
勤　奋			1	.5
身体强壮			10	5.0
善　良			2	1.0
其　他	13	6.5	12	6.0
未回答	2	1.0	2	1.0
合　计	200	100.0	200	100.0

表5说明：在北方人对自我优点的看法中，“豪爽”排在第一位。他们所提到的与“豪爽”意义相当的词还有“直率、直爽、豪放、坦率、爽快、说话直、爽朗、爽快”等等。为便于统计，上述意义相近的词统一用“豪爽”来表示。表中剩余的“其他”13项优点，每项只有一人提及，其中包括“能吃”“不拘小节”“不怕冷”等，它们总计只占总数的6.5%。在北方人的优点中，排在前三位的还有“热情”“诚实”等。

另外，南方人对北方人的最大优点的看法，“豪爽”同样是居于首位。在表中的其他12项“优点”中，每一项只有一人，总计只占6.0%。

（二）北方人缺点的自我观和他我观

来自北方和南方的大学生各200名分别对北方人的最大缺点发表看法，统计结果如表6所示。

表6　北方人最大缺点的统计表

北方人的缺点	北方人的观点		南方人的观点	
	人数	百分数	人数	百分数
粗心鲁莽	45	22.5	36	18.0
保　守	30	15.0	18	9.0
节奏慢效率低	13	6.5	4	2.0
太直爽	11	5.5	15	7.5
笨	8	4.0	6	3.0
固　执	7	3.5		
易受骗	5	2.5		
爱面子	5	2.5		
不拘小节	4	2.0	15	7.5
皮肤不好	3	1.5		
急　躁	13	6.5	18	9.0
太热情	2	1.0	2	1.0
不精明	7	3.5		
不节约			3	1.5
声音大			2	1.0
冷　漠			5	2.5
不上进	2	1.0		
不热情			2	1.0
无　知			2	1.0
啰　嗦			2	1.0
虚　伪			4	2.0
凶悍粗犷			7	3.5
胖			5	2.5
自以为是			4	2.0
其　他	26	13.0	33	16.5
未　答	19	9.5	17	8.5
总　数	200	100.0	200	100.0

表6说明,200名北方大学生中,有19人未对其缺点进行描述。其中,"粗心鲁莽""保守""节奏慢效率低""急躁""太直爽"等是北方人的最大缺点,以上五项缺点累计占总数的56%。表中的"其他"缺点共包括26项,其中每项缺点皆为一人提及,这些缺点包括"脾气不好""怕热""不节约""狡猾"等。

而在南方人看来,北方人的最大缺点排在前五位的同样是"粗心鲁莽""急躁""保守""太直爽""不拘小节",不过顺序稍有不同。这部分人数约占总人数的52%。"其他"缺点共33项,每项提及的人数仅为一人,其中包括"服务不好""斤斤计较""不体谅人""吃得太多"等。

(三)南方人优点的自我观与他我观

400名来自南方和北方的大学生分别对南方人的最大优点进行了描述,统计结果如表7所示。

表7　南方人最大优点的统计表

南方人的优点	南方人的观点		北方人的观点	
	人数	百分数	人数	百分数
精明聪明	65	32.5	64	32.0
细心细致	27	13.5	34	17.0
细腻体贴	28	14.0	9	4.5
热情开朗	15	7.5	2	1.0
勤劳刻苦	4	2.0	6	3.0
有礼貌	4	2.0	2	1.0
开　放	3	1.5	8	4.0
诚实纯朴	5	2.5		
节奏快效率高	2	1.0		
进　取	2	1.0		
身材好	2	1.0		
温　柔			9	4.5
谦　逊	2	1.0	2	1.0

续表

南方人的优点	南方人的观点		北方人的观点	
	人数	百分数	人数	百分数
有经济头脑			5	2.5
有　钱			3	1.5
漂　亮			3	1.5
善　良			3	1.5
适应力强			2	1.0
整洁爱干净			2	1.0
含　蓄			2	1.0
自　立			2	1.0
其　他	34	17.0	31	15.5
未回答	7	3.5	11	5.5
总　数	200	100.0	200	100.0

表 7 显示，南方人对自我最大优点的看法中，排在前四位的是“精明聪明”“细心细致”“细腻体贴”“热情开朗”，此四项的人数占总人数的 67.0%。“其他”优点共计 34 项，每项提及的人数仅为一人，其中包括“见识广”“敢闯”“竞争意识”“创新”等等。

在北方人看来，南方人的最大优点是“精明聪明”“细心细致”“细腻体贴”“温柔”“开放”“勤劳刻苦”“有经济头脑”等，持以上看法的人数占总人数的 67.5%。而“其他”优点总计 31 项，每项提及人数只有一人，其内容包括“有闯劲”“务实”“爱交往”“能吃辣椒”等。

（四）南方人缺点的自我观与他我观

400 名来自南方和北方的大学生分别对南方人的最大缺点进行了描述，统计结果如表 8 所示。

表 8 南方人最大缺点的统计表

南方人的缺点	南方人的观点		北方人的观点	
	人数	百分数	人数	百分数
狡 猾	36	18.0	49	24.5
小 气	29	14.5	48	24.0
太精明	19	9.5	18	9.0
发音不准	6	3.0	5	2.5
身材矮体质差	16	8.0	4	2.0
自傲自负	4	2.0		
自 私	4	2.0	8	4.0
不坦诚	6	3.0	2	1.0
不豪爽	4	2.0	3	1.5
冷 漠	3	1.5		
太张扬太自我	2	1.0	2	1.0
占小便宜	2	1.0		
名利化	2	1.0		
胆 小	2	1.0		
傻	2	1.0		
犹 豫			3	1.5
太敏感			8	4.0
做 作			2	1.0
其 他	39	19.5	33	16.5
未回答	24	12.0	15	7.5
总 数	200	100.0	200	100.0

注:表 5 ~ 表 8 数据统计得到南开大学邵泽姝同学的帮助,在此表示感谢。

表 8 揭示,在南方人看来,南方人的缺点主要表现为“狡猾”“小气”“太精明”“身材矮体质差”“发音不准”等。以上五项的人数约占总人数的 53% 。在“其他”39 项缺点中,每项缺点提及的只有一人,其

中包括“太挑剔”“不团结”“心胸狭窄”“过于敏感”等。

在北方人看来,南方人的最大缺点包括“狡猾”“小气”“太精明”等,其中这三项所包括的人数占总人数的57.5%。在“其他”33项缺点中,每项提及人数仅为一人,其中包括“过于开放”“势利”等。

通过上述比较法,最终发现南北方人的优缺点有明显的不同。其中“豪爽”是北方人的最大优点,“粗心”则是北方人的最大缺点。而“聪明”是南方人的最大优点,“狡猾”则是南方人的最大缺点。同时还发现了南方人与北方人在人格方面存在的其他一系列差异。而这些差异的存在对于他们的生活与事业的成败分别有着一定的影响。

比较法,还可以用于团体之间的成功比较或者成功环境的比较。下面以两种一流大学排名的方法来比较学校的成功状况。2004年,上海交通大学根据“校友获诺贝尔奖和菲尔兹奖人数”“员工获诺贝尔奖和菲尔兹奖人数”“高引用率研究人员人数”“《自然》和《科学》论文数”“SCI论文数”“教职人员平均学术表现”等指标对大学进行了排名。由此排出的前10名世界一流大学是:

1. 美国哈佛大学(Harvard University)
2. 美国斯坦福大学(Stanford University)
3. 英国剑桥大学(Cambridge University)
4. 美国加州大学伯克利分校(University of California — Berkeley)
5. 美国麻省理工学院(Massachusetts Institute of Technology)
6. 美国加州理工学院(California Institute of Technology)
7. 美国普林斯顿大学(Princeton University)
8. 英国牛津大学(Oxford University)
9. 美国哥伦比亚大学(Columbia University)
10. 美国芝加哥大学(University of Chicago)

2023年,这一排序发生了部分变化,其中第1、2、5、6名不变,而第3、4名为美国加州大学伯克利分校、英国剑桥大学,第7~10名分别为美国哥伦比亚大学、美国普林斯顿大学、美国芝加哥大学、英国牛津大学。

而《泰晤士高等教育周刊》(The Times Higher Education Supplement)也对世界大学进行了排名,并按各所学校的被其他学校或单位引用的研究成果的数量排名,因为各个学校的研究成果是知识活力的指示器。同时参考了教职员与学生的比例、吸引外国留学生的能力、在全球教育市场中有国际声望的学者等因素。对上述因素进行权衡,然后打分,根据各大学得分情况进行排名,其中 2023 年 9 月 27 日发布的前 10 名排列如下。

1. 英国牛津大学
2. 美国斯坦福大学
3. 美国麻省理工学院
4. 美国哈佛大学
5. 英国剑桥大学
6. 美国普林斯顿大学
7. 美国加州理工学院
8. 英国帝国理工学院
9. 美国加州大学伯克利分校
10. 美国耶鲁大学

通过比较可以看出,哈佛大学、麻省理工学院、加州大学伯克利分校、加州理工学院、普林斯顿大学以及斯坦福大学等 6 所美国大学和牛津大学、剑桥大学 2 所英国大学都毫无疑问是当今世界最成功的前 10 所大学之一,因为两种比较标准的结果中都包括它们。而耶鲁大学、哥伦比亚大学、芝加哥大学等的成功程度相对次之。

八、案例法

案例法又叫个案法(Case study),它是以单个个体作为研究对象,通过个体的成长经历、生活事件、学业表现等展示个体的风格,通过解剖麻雀,反映出这一类人获取成功的规律。案例法的特点是:内容比较真实、材料丰富、形式活泼。成功心理的研究有时需要在个案、小组、家庭或社区等层面综合进行。

九、文献分析法

文献分析法就是通过对有关文献资料进行系统的收集，最终把所收集到的文献资料进行科学分类，并且从宏观上或整体上来把握研究对象的心理与行为状况。

文献分析法涉及的内容很多，其中下面即将谈及的传记法从本质上而言仍属于文献分析法。

十、传记法

传记法就是对历史上的成功者或失败者的传记进行分析，从而揭示传记中主人翁的成功经历或失败教训，并对学习者提供良好的指导作用。

十一、咨询法

咨询法，就是通过心理咨询的方法，了解被咨询者的失败经历。另外，通过咨询后所产生的转变，使来访者走上快乐成功之路。除心理咨询法外，心理治疗法现在也可介入成功心理的研究，但两者的典型区别是，心理治疗专家着重消除功能失调，而成功心理学家着重保持或提高有效的功能。

十二、心理行为训练法

心理行为训练法就是通过心理行为训练来探索成功心理发展规律的方法。在成功心理学中使用的成功心理行为训练法与一般行为训练同样主要是以团体的形式开展，不过主题内容不同。

第四节　成功心理学的内容

针对成功心理学的研究对象，围绕成功心理学的研究目标，使用成功心理学的研究方法,人们对成功心理学的规律开展了一系列的研究,这些研究成果就构成了成功心理学的内容。从成功心理学的发展历程而言,人们对成功的研究并没有很长的历史,对成功心理的研究历史更短。成功心理学最早创立于20世纪60年代,而在我国只是到最近二十年才开始对成功与成功心理进行实质性专题研究,其中标志性的事件就是2002年5月28日盖洛普—北京大学成功心理学中心的建立。美国盖洛普咨询公司名誉董事长、著名心理学家唐纳德·克利夫顿博士2002年5月28日来到北京大学,与北京大学副校长迟惠生一起,为新落成的盖洛普—北京大学成功心理学中心揭牌。该中心的成立旨在引进国外成功心理学的研究方法和成果,在中国开展成功心理学的研究和商业实践。

盖洛普—北京大学成功心理学中心的主要工作内容包括:有针对性的教学和培训;进行有关成功心理学学术研究;出版有关成功心理学的学术期刊和专著及进行学术交流;开办幼儿园,将成功心理学的研究成果运用于幼儿教育,对儿童潜能进行早期识别和开发;运用成功心理学的研究成果进行人力资源管理、企业文化建设、员工满意度等咨询工作。

总结人类近四十年来对成功及成功心理的研究成果,可把它们归结为两个"确实":一是成功确实有一定的规则;二是成功确实没有具体的轨迹。

因此,任何想在人生的道路上获取成功的人,首先不要幻想从书本中找到一条成功的轨迹,以为只要自己按图索骥就能达到目的,而是要领会成功的规则,只有这样才能走上成功之路。遵循以下七点规则,这正是人们走向成功的必由之路,也是成功心理学的主要内容。

(1)优劣的诊断,起点的定位;(2)目标的导航;(3)观念的驱动;(4)行动的效力;(5)能力的训练;(6)控制日常时间,操纵行为路径;(7)终身的成功。

对上述成功心理的七大要素可以从"成功三步曲"的角度来理解。

成功三步曲是指:起点的定位、中途的拼搏与终点的目标。其中“起点的定位”是指“对个体优势与劣势两方面内容的判断确认”;“中途的拼搏”是指获取成功所必需的“正确观念、及时行动、多元能力”等心理品质;“终点的目标”是指“目标的设置与实现”。

表9　成功必由之路

成功三步曲	成功心理七要素	对应的心理学内容
起点的定位	优劣的诊断	自我认知(情、意)
中途的拼搏	观念的驱动	认知、人格
	行动的效力	意志、行为
	能力的训练	能力
	控制日常时间,操纵行为路径	时间(知觉)
	终身的成功	发展心理
终点的目标	目标的导航	需要、动机

如表9所示:一个人首先要正确地认识自我,只有科学地认识自我,诊断出自己的优势与劣势,然后从优势出发,避免各种劣势的不良影响,这样,才能使我们站到追求成功的起跑线上。在成功心理学中,人们对自己的需求要有明确的了解,在纷繁复杂的世界里,寻找并确立适合自己前进的方向。而化梦想为现实的关键则在“中途的拼搏”。其中需要我们建立良好的心态与合理的观念体系,训练好各种必备的能力,特别是时间管理能力。能对周围人群和外部世界敏锐地分析,抓住机遇并创造机遇,果敢地把观念转化为行动,并要因时因地调整好心理状态的变化,实现可持续的成功。

为了便于同学们对成功心理学有一个全面了解,在表10中对成功心理学课程内容做了介绍。

以上成功心理学的内容适合于在高校讲授,本书采用的教学方式是理论与实践相结合。全书核心内容分成15讲,每讲包含很多具体的成功或失败的案例。案例多而且新是这本成功心理学教材的主要特点之一。另一个特点是:本书案例主要是以大学生为主,涉及其他社会群体相对较少。

表 10　成功心理学课程主讲内容

讲数	课程内容分章	教学主讲讲座的主题	课时
1	绪论	亲密接触“成功”	2
2	优劣的诊断	优劣的诊断	2
3		人人都能成功	2
4		来自失败的声音	2
5	目标的导航	欲海横流,有舍有得	2
6		做“剥洋葱”的能手	2
7		跳起来摸得着	2
8	观念的驱动	观念力	2
9		培养自尊自信	2
10	行动的效力	行动力	2
11	能力的训练	培养多元智慧	2
12		笑待逆境	2
13	时间的管理	做时间管理的高手	2
14	终身的成功	因时因地抓创机遇	2
15		年龄与成功	2
16	考试	考试与成功心理	2

表 10 只是初步描绘出人们踏上成功的必由之路,详细内容请继续阅读以后各章。但总而言之,成功心理学是从健康与成功生活的角度来探求心理学的理论构架,其主要研究内容及领域包括乐观主义、积极情感、精神信仰、幸福满足、个人发展以及安康等。

成功心理行为训练(1):诠释“成功”与“成功心理”

诠释“成功”与“成功心理”活动开展方法的介绍:

1. 活动以团体行为训练进行为宜。整个团体为 80 ~ 120 人,实际人数视具体情况而定。

2. 把整个团体按 8 ~ 10 人分为一组。如把 100 人分成 10 组,每组 10 人。

3. 在各个小组中自荐或他荐产生一名小组长,由小组长负责主持本小组的活动。

4. 小组成员固定,属于封闭型团体。

5. 每一个成员描绘出自己对成功与成功心理的观点,并把有关内容写在纸上,时间大约为 8 分钟。

6. 每一个成员利用 3 分钟的时间把自己的成功与成功心理的观点进行表达。

7. 小组长对所有成员的观点进行总结。

小组成员每人说一句关于成功体验与成功心理的话,结束此次团体活动。

优劣起点篇

第二章　优劣的诊断

任何人都有自己的特长、专长、兴趣、爱好、强项、优点、缺点等。简言之,人人都有自己的优势,同时人人都有劣势。但如何科学诊断出自己的优势与劣势,对于定位好人生奋斗的起点意义重大。只有当我们站到了一个正确的成功起跑线上,才能为未来的成功奠定良好的基础。

第一节　何为优势,何为劣势

在对一个人的优势与劣势进行诊断前,首先我们来明确一下"优势"与"劣势"这两个概念的基本内涵,然后根据优势的界定来确立一个人的优势结构体系,最后还要介绍一些识别优势的方法。

一、优势劣势的界定

优势就是指在某一领域内表现出来的可以创造出持续不断的、近乎完美的工作表现的能力。优势在英文中用strength(s)表示,它又有"长处""优点"等含义。劣势则是与优势相比较而存在的一个概念。优势与劣势都不是抽象的概念,而且都有具体的实质性内容。还是先来看一些实际的例子。

杨刚,一位大一的男生,来自湖北某县镇,高考时在全县获第二名。他的学习成绩从小学到初中、高中都一直很优秀,在家长、老师与同学的眼里,杨刚是一个很聪明的孩子。但杨刚在家从来不做任何事,即使是洗碗洗衣等日常家务也几乎从来不做。在整个学习期间，与人交往的活动极少，不愿与其他同学交流，常常独来独往，性格内向。

进入大学后不久，杨刚远离父母后第一次独立生活，他面临着的第一个困难就是自己必须学会自理自立，其次是要适应由在家一个人生活的卧室突然转变成六人同住的一个小房间，第三是不愿意与他人交流谈心。

从上例中可以看出，杨刚的优势是：智商高、聪明、成绩优秀。但他的劣势也是十分明显的，如交往能力差、日常家庭事务的操作能力薄弱等。

优势与劣势的辨别，也可以采用“效益”的方式来实行自我评估。具体评估办法的界定是：优势是指在单位时间内从事与完成某一事务或工作时所付出的努力少，但取得的成果多，具有很高的效益。那么，完成此事所需要的能力与技能就是优势。相反地，劣势是指在单位时间内从事与完成某一事务或工作时所付出的努力多，但取得的成果少，实际效益很低。那么，完成此事所需要的能力与技能就是劣势。

朱茅，高中二年级男生，最擅长的课程是数学与物理，特别是上物理课，他从来不知疲倦。对于数学与物理的很多定理、公式等，朱茅都能很好地证明和理解。而对于语文中的文言文以及其他需背诵的内容感到枯燥无味，记忆困难，通常是费了九牛二虎之力但效果甚微。

由此可见，朱茅的优势在于理解记忆，相对而言机械记忆就是他的劣势了。事实上，任何维度上的心理特质都是一个连续变化的量。参见图 2。

在图 2 中，“优势”端包括“最勤奋”“最高效”“最聪明”“最外向”“最幸福”等，而“劣势”端包括“最懒惰”“最低效”“最愚笨”“最内向”“最不幸”等。事实上，一个人所拥有的各种心理特质真正处在极端状态的都是少数，绝大多数仍在优势与劣势的两个极端品质之间。

譬如，在“最不幸—最幸福”这个维度上，如果把此维度分成 9 个等级，等级 1 表示最不幸，而等级 9 表示最幸福。每个人可以在 1 至 9

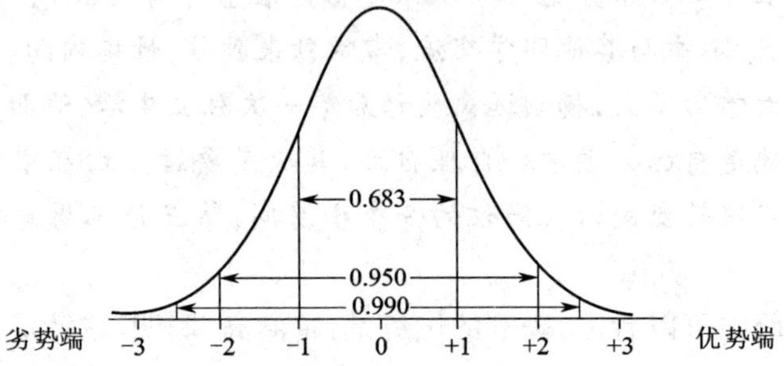

图2　寻找自我的位置

的9个等级中任选自己的答案。参见图3。

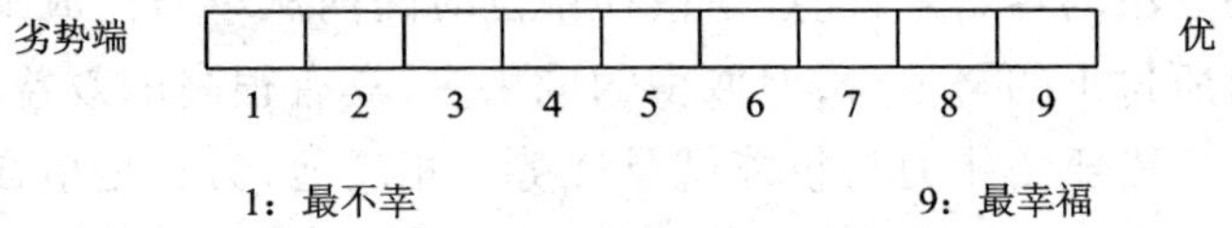

图3　寻找自我的幸福度

以此类推，在“最勤奋—最懒惰”“最高效—最低效”“最外向—最内向”等维度上，人们都可以找到自己的位置，从而更加准确地确定自己的优势与劣势。

二、优势的结构体系

在具体的个人身上，优势是各种各样的，各种优势相互综合起来形成一定的结构体系，最终构成了个体之间的差别。

2004年9月7日，清华大学迎来了2004级研究生新生的开学典礼。在开学典礼上，清华大学校长顾秉林除了论述做学问与做人对事业成功的重要性外，还强调了清华的学风：要严谨，不能敷衍；要勤奋，不能懈怠；要求实，不能作假；要创新，不能守旧。

其实，每一位研究生在清华校风的四个心理品质维度上所处的位置是不一样的。正是因为他们的优势差别，才形成了他们个性的多样性。

成功心理学研究表明：人类现在发现的各类优势共计400余种。但不是每个人都拥有这400余种优势的全部内容，各自都有自己的特点。各人把自己所拥有的优势集中起来，就形成了一个人的优势结构体系。人人都有自己的优势结构体系。换句话说，优势的结构体系，其实质就是一个人的各种优势与劣势的混合体。那么大学生的优势与劣势有什么特点呢？同时又该如何鉴别出自我的优势与劣势呢？请看"优势的识别"。

第二节　优势的识别

一、大学生的优势与劣势扫描

一个人的优势与劣势随着年龄的变化会呈现一定的特点。处于大学期间这个年龄阶段的大学生们，他们的优势与劣势自然具有自身的特征。下面首先从我们所做的"万名大学生调查"统计结果看看当代大学生的"优势"内容。

（一）男性大学生的优势

没有女朋友、沉稳、聪明、太帅、勤奋、有天赋、能控制自己的情绪变化、真诚、年龄小（19岁）、交际面广、实在、身体条件还行、自学能力强、自信、有一种不服输的精神、做事冷静、坚强、上进心强、及时回头反思、经常反省自己、善解人意、善良、做事讲原则、爱好广泛、热心、知错就改、能吃苦、执著、有耐性……

（二）男性大学生的劣势

没有女朋友、情商较差、太鲁莽、太帅、主动性差、不够高、太单纯太天真、身体条件不好、没有恒心、不会处理人际关系、不用功、口无遮拦、懒惰、信念比较杂、沉不住气、有时控制不住自己、害羞放不开、喝酒、情绪波动、时间利用不够、记性不佳、社会实践少、为面子而行事、没有耐性、缺乏自信、不会理财、容易感动、年纪大了(22岁)、毅力不足……

(三)女性大学生的优势

性格随和、自控能力强、不与别人计较、理智、比较活跃、肯吃苦、爱运动、会自娱自乐、万事看得开、诚实、慢性脾气、刻苦、开朗、有学历、有信念、有自知之明、像个孩子、乐观、脑子不笨、自己的特长(演唱专业)在一些时候表现出来、睡眠质量很高、社交能力强、对人真诚、谦虚、机灵、心宽、年轻(22岁)、有经济头脑、有远大的志向、思维活跃、善待身边的人、分析能力强、勤奋、经历过很多挫折、有上进心、长得还行、善良、很有亲和力、性感、每天能克制自己必须学习、有天赋、好强、沉稳、有创业精神、安静、后劲足、没有什么缺点、目标明确、很爱干净、对大事有预知力、与生俱来的靓丽……

(四)女性大学生的劣势

爱玩、不会把握时间、没耐力、心肠软易被人欺负、做事不用心、暴脾气、太多孩子气、无主见、懒惰、自觉性差、心太软、自制力差、没自信、没有积极性、脾气不好、容易受环境影响、不易和别人沟通、易情绪化、管不住自己、不善于交谈、太善良、胆小、没有工作经验、空间想象差、本专业人员太多、坚持能力差、冲动、做事不能有始有终、表现欲不高、虚荣心太强、不会制定计划、生活费太少、没有忧患意识、想到而不能马上做到、心胸狭窄、有点胖、太能睡觉、皮肤黑……

乍一看,人们可能会发现上面所列举的优势与劣势显得很乱,好像很难发现一定规律。这就需要我们采用优势分类管理的办法。为此,我们对大学生的优势与劣势调查进行了整理。结果如表11与表12。

表11 优势分类表

	优势内容	人数	百分率	累积百分率
1	未回答	1 408	19.9	19.9
2	自信	982	13.9	33.9
3	乐观	291	4.1	38.0

续表

	优势内容	人数	百分率	累积百分率
4	认真	235	3.3	41.3
5	聪明	208	2.9	44.3
6	勤奋	204	2.9	47.1
7	社交能力强	187	2.6	49.8
8	善良	157	2.2	52.0
9	性格好	152	2.2	54.2
10	无	147	2.1	56.3
11	了解自己	133	1.9	58.1
12	开朗	133	1.9	60.0
13	真诚	112	1.6	61.6
14	自省	98	1.4	63.0
15	有毅力	94	1.3	64.3
16	人际关系好	92	1.3	65.6
17	自制力强	83	1.2	66.8
18	不知道	83	1.2	68.0
19	热情	79	1.1	69.1
20	坚持不懈	66	0.9	70.0
21	随和	62	0.9	70.9
22	诚实	62	0.9	71.8
23	有耐心	59	0.8	72.6
24	其他	59	0.8	73.5
25	健谈	57	0.8	74.3
26	坚强	55	0.8	75.1
27	沉着冷静	53	0.8	75.8
28	上进	52	0.7	76.5
29	执著	50	0.7	77.2
30	心理素质好	46	0.7	77.9

续表

	优势内容	人数	百分率	累积百分率
31	稳重	45	0.6	78.5
32	平和豁达	45	0.6	79.2
33	相貌好	41	0.6	79.8
34	年轻	40	0.6	80.3
35	好学	38	0.5	80.9
36	理性	37	0.5	81.4
37	理解能力强	36	0.5	81.9
38	成绩好	36	0.5	82.4
39	爱运动	36	0.5	82.9
40	勤于思考	35	0.5	83.4
41	学习能力强	34	0.5	83.9
42	爱好广泛	34	0.5	84.4
43	目标明确	34	0.5	84.9
44	人好	33	0.5	85.3
45	善解人意	33	0.5	85.8
46	责任心强	33	0.5	86.3
47	有亲和力	33	0.5	86.7
48	有逻辑思维	30	0.4	87.2
49	踏实	30	0.4	87.6
50	实在	29	0.4	88.0
51	助人为乐	29	0.4	88.4
52	谦虚	28	0.4	88.8
53	宽容	28	0.4	89.2
54	思维敏捷	28	0.4	89.6
55	适应力强	28	0.4	90.0
56	有活力	26	0.4	90.4
57	身体好	25	0.4	90.7

续表

	优势内容	人数	百分率	累积百分率
58	忍耐力强	25	0.4	91.1
59	很多优势	25	0.4	91.4
60	无劣势	24	0.3	91.8
61	记忆力强	24	0.3	92.1
62	细心	22	0.3	92.4
63	有理想	22	0.3	92.7
64	个子高	22	0.3	93.0
65	好强	21	0.3	93.3
66	沉默	20	0.3	93.6
67	有韧性	20	0.3	93.9
68	睡眠好	18	0.3	94.1
69	接受能力强	18	0.3	94.4
70	动手能力强	17	0.2	94.6
71	专心	17	0.2	94.9
72	有思想	17	0.2	95.1
73	自强	16	0.2	95.4
74	效率高	15	0.2	95.6
75	爱笑	15	0.2	95.8
76	诚信	14	0.2	96.0
77	独立	13	0.2	96.2
78	会玩	13	0.2	96.3
79	勇敢	13	0.2	96.5
80	身材好	12	0.2	96.7
81	正直	12	0.2	96.9
82	有才干	12	0.2	97.0
83	幽默	11	0.2	97.2
84	表达力强	11	0.2	97.4

续表

	优势内容	人数	百分率	累积百分率
85	文静	11	0.2	97.5
86	自我调节能力强	10	0.1	97.6
87	听话	10	0.1	97.8
88	懒	9	0.1	97.9
89	做事有计划	9	0.1	98.0
90	温柔	9	0.1	98.2
91	博学	9	0.1	98.3
92	有好奇心	8	0.1	98.4
93	有个性	8	0.1	98.5
94	可爱	8	0.1	98.6
95	有激情	7	0.1	98.7
96	自立	7	0.1	98.8
97	想象力丰富	7	0.1	98.9
98	积极	7	0.1	99.0
99	成熟	6	0.1	99.1
100	心软	6	0.1	99.2
101	有同情心	5	0.1	99.3
102	创新能力	5	0.1	99.3
103	有原则	5	0.1	99.4
104	单身	5	0.1	99.5
105	单纯	5	0.1	99.6
106	有一定特长	5	0.1	99.6
107	傻	4	0.1	99.7
108	情商高	4	0.1	99.7
109	执著	4	0.1	99.8
110	有领导能力	4	0.1	99.9
111	有主动性	3	0.0	99.9

续表

	优势内容	人数	百分率	累积百分率
112	女生	3	0.0	99.9
113	有主见	3	0.0	100.0
114	大方	1	0.0	100.0
	合计	7 059	100.0	

表 12　劣势分类表

	劣势内容	人数	百分率	累积百分率
1	未回答	1 287	18.2	18.2
2	不自信	517	7.3	25.6
3	懒	504	7.1	32.7
4	不善社交	478	6.8	39.5
5	消极	352	5.0	44.5
6	没恒心	348	4.9	49.4
7	自制力差	297	4.2	53.6
8	内向	220	3.1	56.7
9	不善表达	200	2.8	59.5
10	情绪化	195	2.8	62.3
11	没毅力	187	2.6	65.0
12	自卑	176	2.5	67.4
13	没有劣势	128	1.8	69.3
14	脾气不好	114	1.6	70.9
15	时间运用不当	99	1.4	72.3
16	没耐性	99	1.4	73.7
17	优柔寡断	93	1.3	75.0
18	粗心	74	1.0	76.0
19	爱玩	69	1.0	77.0
20	英语差	67	0.9	78.0

续表

	劣势内容	人数	百分率	累积百分率
21	性格不好	59	0.8	78.8
22	学习不好	58	0.8	79.6
23	胆小	56	0.8	80.4
24	体弱	55	0.8	81.2
25	不知道	54	0.8	82.0
26	心太软	53	0.8	82.7
27	身材不好	49	0.7	83.4
28	直白	46	0.7	84.1
29	相貌差	45	0.6	84.7
30	性急	42	0.6	85.3
31	心理素质差	42	0.6	85.9
32	矮	41	0.6	86.5
33	虚荣	41	0.6	87.1
34	自负	39	0.6	87.6
35	浮躁	39	0.6	88.2
36	记性差	39	0.6	88.7
37	爱睡觉	35	0.5	89.2
38	社会经验少	31	0.4	89.6
39	不努力	29	0.4	90.1
40	没钱	29	0.4	90.5
41	自觉性差	28	0.4	90.9
42	意志不坚定	26	0.4	91.2
43	没有目标	25	0.4	91.6
44	没主见	25	0.4	91.9
45	感情用事	25	0.4	92.3
46	不爱运动	25	0.4	92.6
47	口才不好	24	0.3	93.0

续表

	劣势内容	人数	百分率	累积百分率
48	不主动	24	0.3	93.3
49	不稳重	22	0.3	93.6
50	轻信	21	0.3	93.9
51	效率低	20	0.3	94.2
52	固执	18	0.3	94.5
53	心理承受能力差	18	0.3	94.7
54	其他	18	0.3	95.0
55	散漫	15	0.2	95.2
56	帅	14	0.2	95.4
57	太善良	14	0.2	95.6
58	太老实	14	0.2	95.8
59	脸皮薄	13	0.2	96.0
60	傻	11	0.2	96.1
61	女生	10	0.1	96.3
62	专业不理想	10	0.1	96.4
63	想得太多	9	0.1	96.5
64	话多	9	0.1	96.7
65	学习效率低	9	0.1	96.8
66	视力差	9	0.1	96.9
67	知识匮乏	9	0.1	97.1
68	不乐观	9	0.1	97.2
69	能力差	8	0.1	97.3
70	普通话不好	8	0.1	97.4
71	心眼小	8	0.1	97.5
72	笨	7	0.1	97.6
73	没有女朋友	7	0.1	97.7
74	运动素质差	7	0.1	97.8

续表

	劣势内容	人数	百分率	累积百分率
75	年轻	7	0.1	97.9
76	没优点	7	0.1	98.0
77	不成熟	6	0.1	98.1
78	思想简单	6	0.1	98.2
79	缺少社会实践	6	0.1	98.3
80	逻辑思维能力差	5	0.1	98.3
81	怯场	5	0.1	98.4
82	静	5	0.1	98.5
83	思想不集中	5	0.1	98.6
84	专业能力差	4	0.1	98.6
85	不会拒绝	4	0.1	98.7
86	缺乏勇气	4	0.1	98.7
87	欠考虑	4	0.1	98.8
88	动手能力差	4	0.1	98.8
89	不专一	4	0.1	98.9
90	逃避现实	4	0.1	99.0
91	不上进	4	0.1	99.0
92	软弱	4	0.1	99.1
93	反应慢	4	0.1	99.1
94	乱花钱	4	0.1	99.2
95	不幽默	3	0.0	99.2
96	不了解自己	3	0.0	99.3
97	适应性差	3	0.0	99.3
98	自尊心太强	3	0.0	99.3
99	思维不敏捷	3	0.0	99.4
100	爱抽烟	3	0.0	99.4
101	不现实	3	0.0	99.5

续表

	劣势内容	人数	百分率	累积百分率
102	不懂音乐	3	0.0	99.5
103	不善把握机会	2	0.0	99.5
104	多疑	2	0.0	99.6
105	基础不好	2	0.0	99.6
106	过于活泼	2	0.0	99.6
107	不知道优势	2	0.0	99.7
108	忧郁	2	0.0	99.7
109	好动	2	0.0	99.7
110	性格粗犷	2	0.0	99.7
111	爱上网	2	0.0	99.8
112	内敛	2	0.0	99.8
113	表现欲太差	2	0.0	99.8
114	运气不好	2	0.0	99.9
115	爱吃	2	0.0	99.9
116	敏感	1	0.0	99.9
117	常失眠	1	0.0	99.9
118	接受能力差	1	0.0	99.9
119	空间想象力差	1	0.0	99.9
120	不善良	1	0.0	100.0
121	年龄大	1	0.0	100.0
122	没有魄力	1	0.0	100.0
123	竞争意识不强	1	0.0	100.0
	合计	7 059	100.0	

注：在表 11 ~12 中的数据录入与整理的过程中，得到了艾丹凤、白洁、杜娟、侯燕、刘宏、罗豆、闵清华、阙慧玲、任伟、尚洁、田承昊、王乃磊、薛凤、叶承毅等同学的帮助，对他们付出的辛勤劳动表示衷心的感谢！

在讲述优势的管理之前，还是先来介绍一下优势与劣势的识别方法。

二、优势与劣势的识别方法

（一）自我认知法

自我认知法就是人们通过自我观察、自我反省、自我分析与自我综合的过程对自我优劣势形成准确认知的方法。在自我认知过程中，自我观察是重要的第一步。通过自我观察，也就是通过调动我们的感官，以视、听、嗅、味、触等途径来广泛收集有效信息。不过，最重要的还是要进行自我反省、自我分析与自我综合的理性思维过程才能真正发现自己的强项与弱项。

（二）他人评定法

他人评定法就是人们通过他人对自我的评定来反思自我，并从中找到自己的优势或劣势的方法。他人评定法可以细分为很多类。如根据评定的背景不同，可分为当面他人评定法（或直接他人评定法）与幕后他人评定法（或间接他人评定法）。促膝谈心、直面诤友等使用的就是当面他人评定法。常言道："谁人背后不说人，谁人背后不被说。"这里所指的就是幕后他人评价法。根据评定途径的不同，他人评定法又可分为正式他人评定法与非正式他人评定法。学生毕业写鉴定，加入党组织时听取群众意见，找工作时请老师或领导写推荐信，介绍恋爱对象时媒人致介绍辞等都属于正式他人评定法。而在酒席饭桌、街头巷尾所进行的一般性他人评定则属于非正式他人评定法。根据评定的性质不同，可以分为积极他人评定法与消极他人评定法。根据评定的内容不同，又可以分为能力他人评定法、品质他人评定法、人格他人评定法等。

社会的主体就是人，人与人交往构成了我们整个的社会。在人与人相互交往过程中，彼此对对方的言语与行为形成看法，并通过一定的途径表达出来，这就是他人评定法形成的事实基础。他人评定法的结果，最终反映的只是他人的观点。其内容与结果是否可靠需要进行认真分析。因此，在使用他人评定法来对自我的优劣势进行认知时，需要一分为二地对待，科学取舍。

（三）比较法

比较法就是通过把自己与他人进行对比，从中发现自己的优势或劣势的方法。比较法，其本质属于自我认知法的范畴。比较，在生活中普遍存在，我们常常有意地或无意地把他人与自己相比较，由此来确立自己的强项，找到自己的不足。

比较法也可以分为很多类。根据比较对象的地位不同，比较法可以分为“向上比较法”与“向下比较法”。“向上比较法”就是指与比自己地位高的人进行比较。“向下比较法”就是指与比自己地位低的人进行比较。根据比较的性质不同，可以分为积极比较法与消极比较法。根据比较的内容不同，又可以分为能力比较法、品质比较法、人格比较法等。

处在恋爱中的人常常对自己与恋人的认知会产生失真，但男女不同性别间还是有一定的差别规律的。通过男女性别差异的比较，恋爱双方可以对自己与他人做一些必要的反省，这对于发现恋人的优劣势、改进恋爱状况、促使恋爱成功有一定的参考价值。男女在恋爱中的言语与行为比较结果的差别有：“男人爱上女人后，他会做诗；女人爱上男人后，她会做梦。女人对男人往往会朝思暮想；男人对女人往往会朝秦暮楚。女人的看家本领是撒娇；男人的拿手好戏是撒谎。男人追求女人，如隔着一座山；女人追求男人，如隔着一层纸。男人获得爱的方式是迅速出击，在燃烧中拥抱爱的烈焰；女人获得爱的方法是缓慢地渗透，然后在平静中品尝爱的芬芳。男人考验女人的方法是远走高飞；女人考验男人的方式是约会迟到。男人恋爱希望把复杂的过程弄简单；女人恋爱喜欢将简单的事情弄复杂。男人希望女友经历越少越好；女人却希望男友经历越多越好。男人恋爱时用眼；女人恋爱时用心。男人恋爱后变得可怜巴巴；女人恋爱后变得神经兮兮。”此段话语似乎有点戏谑之意，但细细比较也不乏正确之处，可作为一定的认知参考。

(四)优势识别器

“优势识别器”是盖洛普公司研制的一种发现自我优势的方法,它通常又被称为“克里夫顿优势识别器”(Clifton Strengths Finder)。人们获取成功的第一步就是发现自己做什么事最好(the first step in achieving success is knowing what you do best),而“优势识别器”就能帮助你发现并开发你能做得最好的事(discover and develop what you do best)。“优势识别器”是运用成功心理学原理评测正常人格特征的网络评测系统。它是专为互联网开发的评测工具。通过安全的链接,“优势识别器”为测试者提供了180组选择题。每组选择题包含一对描述语,比如“我认真阅读说明”与“我直接开始做事”互相对照,这些描述语如同一个统一体的两个极端。使用者从中选择出最适合其自身情况的描述,并选择描述的精确程度。使用者有20秒钟时间回答每道问题,20秒钟后系统会自行前进到下一组问题(“优势识别器”的研发报告表明,20秒钟答题时限造成的未完成率不影响结果)。目前“优势识别器”是通过“优势识别器”ID号码(14位数字)的方式来对个体进行测试。而“优势识别器”ID号码只能通过选择购买盖洛普相关论著获得。读者购买的相关的每一本书,随书都会带一个ID号码,不能另行购买更多的ID号码。如购买《现在,发现你的优势》就可以获得一个ID号码,同样不能另行购买更多的ID号码(盖洛普咨询有限公司的网址为:http://www.gallup.com.cn,从此网址可以登录优势识别器。也可以直接登录优势识别器的网址进行测试,优势识别器的网址为:http://www.strengthsfinder.com)。一个ID号码也只能测试一次,不可重测,但可以多次反复查询结果。

“优势识别器”从34个方面(或称为“主题”)来测量一个人所拥有的才干,这些才干就是可以带来效益的、自然且反复出现的思维、感觉、行为模式,它们是优势的必不可缺的基础。通常情况下,一个人一般能在30~40分钟内回答完所有“优势识别器”的问题,不间断地完成整个调查可以取得最佳效果。在完成“优势识别器”测量后,回答者将收到一份显示他们 5 项标志(最具主导性的)主题的报告,也就是在 34 项主题中,根据才干的顺序仅列出“前 5 项”,这也就是我们所说的一个人的主导才干。“优势识别器”和标志主题报告的目的在于帮助人们了解自身才干并将才干发展成优势,从而提高生活质量。

下面列举了某人通过“优势识别器”所获得的 5 项主题报告,此 5 项主题是“专注”“最佳化”“竞争”“智力活动”“重要性”。

专注(Focus)

“我正走向何方?”你扪心自问。这一问题每天都萦绕脑际。在专注主题的指引下,你需要一个明确的目的地。没有它,你很快就会对自己的生活和工作一筹莫展。因此,每年,每月,甚至每周,你都做你爱做的事——制定目标。你的目标,无论长期或短期,都有相同的特点。它们都很具体,都能评测,并且都有进度表。这些目标如同罗盘,帮助你确定重点,并进行必要的修正,以保持航向。你的专注主题十分强大,因为它迫使你进行过滤——本能地判断某个行动是否有助于你达到目标;无助于此的便被放弃。你的专注最终迫使你提高效率。毋庸讳言,这种模式的另一面是,它使你难以忍受拖延、障碍,甚至迂回,而无论它们多么引人。这使你成为一名极其可贵的团队成员。当别人开始溜向“有趣的”岔道时,你会及时把他们带回正路。你的专注主题提醒每个人,如果一件事不能帮助大家通往目的地,那它就无关紧要。如果它无关紧要,那就不值得为它浪费时间。你确保每个人都目不斜视。

最佳化(Maximizer)

你的标准是优秀,而不是平均。把低于平均的业绩稍微提高到平均之上需要艰苦努力,且无法使你满足。而把本已不俗的业绩转变成出类拔萃,需要相同的努力,但远比前者激动人心。优势,无论属于你自己还是别人,都使你着迷。如同一名打捞珍珠的潜水员,你四处搜寻优势的蛛丝马迹——无师自通、一学就会、掌握技术浑然天成。所有这些都说明某种优势在起作用。发现优势后,你感到必须培育它,改进它,将它充分发挥,直到炉火纯青。你不停地摩擦珍珠,直到它银光四射。由于你对优势情有独钟，别人会认为你不能一视同仁。你更愿与善于欣赏你优势的人相处。同样，你喜欢结交发现并培养自身优势的人。你避开力图修理你，使你样样精通的人——他们也许能找到其他人来培养“全才”。你不想终生哀叹自己的欠缺；相反，你想发挥你的天生优势。这样更开心，更有效，并且与常人所思相反，要求更高。

竞争(Competition)

竞争扎根于比较。当你环视四周时，你本能地意识到别人的业绩。他们的业绩就是你的最终标尺。无论你如何苦干，无论你的动机如何高尚，如果你仅仅达到自身目标，但未能傲视同侪，你就会感到现有成就空洞无物。如同所有的竞争者，你需要其他人。你需要比较。因为如果你能比较，你就能竞争，而如果你能竞争，你就能取胜。一旦取胜，你就能感受到无与伦比的快慰。你喜欢测量，因为它有助于比较。你喜欢其他竞争者，因为他们使你振奋。你热爱比赛，因为它们必定产生一个赢家。你尤其喜欢你胜券在握的比赛。虽然你对你的对手彬彬有礼，甚至能做到虽败尤荣，但你参加比赛绝不是为了取乐，而是为了取胜。你最终会避免参加取胜无望的比赛。

智力活动(Intellection)

你喜欢思考。你喜欢思想活动。你喜欢锻炼你的大脑“肌肉”，把它们四面抻扯。这种对思想活动的需求有可能是专注的，专注的焦点取决于你的其他优势。例如，你可能努力解决一个问题，或酝酿一个创意，或了解另一个人的感受。另一方面，这种思维活动很可能漫无边际。思维的主题并不一定限定你思考的具体内容。它只是说你喜欢思考。你是一个喜欢独处的人，因为这样你才能沉思冥想。你性格内向。在某种意义上，你是自己最好的伴侣，因为你扪心自问，并在自己身上测试答案。当你把自己的实际作为与你所思考的所有想法相比时，你的这种自省可能会使你略为不满。但此种自省也可能导致你关注现实问题，例如当日所发生的事件，或你准备进行的一场谈话。无论它把你引向何方，这种不停的思考是你生活中的一个固定内容。

重要性(Significance)

你希望在别人的眼中非同凡响。你希望获得真正意义上的“认可”。你希望自己的意见受到重视。你希望出人头地。你希望出名。你尤其希望别人了解和赞赏你的独特优势。你渴望别人赞扬你是一个可信赖和专业化的成功人士。同样,你希望与可信赖和专业化的成功人士交往。如果他们不是这样,你就会推动他们朝此努力,直到成功——否则你就会弃他们而去。你天性独立,希望自己的工作是一种生活方式而不仅仅是一种职业。在工作中,你希望获得充分的自由——按你自己的方式做事的自由。你对自己的渴望感受强烈并付诸行动。为此,你的生活中充斥着你所“需要”“渴求”或“热爱”的东西。无论你的目标如何——每个人的目标都与众不同——你的追求主题都将不断将你升高,摆脱平庸,通往卓越。这个主题推动你不断追求。

通过上述“优势识别器”所测试的5项主题报告,就可以确立其自身的才干,并使自己专注于这些才干,最终转化为力量,融入到个人的事业之中,就能取得可喜的业绩。

为了便于大家学习,下面列出“优势识别器”涉及的34项主题(themes)的全部内容。它们是:完成(Achiever)、激活(Activator)、适应性(Adaptability)、分析(Analytical)、部署(Arranger)、信念(Belief)、命令(Command)、沟通(Communication)、竞争(Competition)、连通性(Connectedness)、一致性(Consistency,以前称为公正 formerly Fairness)、背景(Context)、谨慎(Deliberative)、开发(Developer)、纪律(Discipline)、移情(Empathy)、专注(Focus)、未来派(Futuristic)、融洽(Harmony)、构思(Ideation)、包容(Includer,以前称为包容性 formerly Inclusiveness)、个体化(Individualization)、输入(Input)、智力活动(Intellection 或思维)、学习者(Learner)、最佳化(Maximizer 或完美)、积极性(Positivity)、关系人(Relator)、责任(Responsibility)、恢复(Restorative)、自信(Self-assurance)、重要性(Significance)、战略(Strategic)、求爱(Woo)。详细内容参见附录一。

(五)心理测试法

心理测试法就是通过心理测验的方法来发现自己的优势与劣势的方法。人格测验法是发现个体优势与劣势的最佳方法之一。在人格测验法中,常用的心理量表有:艾森克人格问卷、卡特尔16种人格因素量表、大学生人格量表、A型性格量表等。

如以卡特尔16种人格因素量表为例,通过此心理量表的测试可以发现自己在乐群性(A因素)、聪慧性(B因素)、稳定性(C因素)、恃强性(E因素)、兴奋性(F因素)、有恒性(G因素)、敢为性(H因素)、敏感性(I因素)、怀疑性(L因素)、幻想性(M因素)、世故性(N因素)、忧虑性(O因素)、试验性(Q_1因素)、独立性(Q_2因素)、自律性(Q_3因素)、紧张性(Q_4因素)等16种人格因素上的特征,从而为自己的优势与劣势进行科学的定位。

在使用心理测试法时,需要注意的是,应该选择有良好信度与效度的心理量表。不要用一些不规范的心理测试甚至一般的趣味测试来轻易对自己的优劣势和心理品质进行界定。

第三节 优势的管理

在上一节中,我们了解了一些大学生的优势与劣势特点,并且懂得了识别优势与劣势的具体办法。但当我们通过各种方法明白了自己的优势与劣势后,一个非常重要的方面就是如何对自己的优势进行系统的管理。这正是本章要重点介绍的内容。

优势的管理同一般的管理在机制上并没有什么差别,其本质仍然是为了提高学习效率、更好更快地交友、增加求职就业的几率。

做好一个人的优势的管理,可以从以下几方面着手。

一、分类管理

把自我的优势按四个维度进行分类。这四个维度是:生理自我、心理自我、社会自我与物质自我(物质自我还可以称为关联自我)。参见图4。

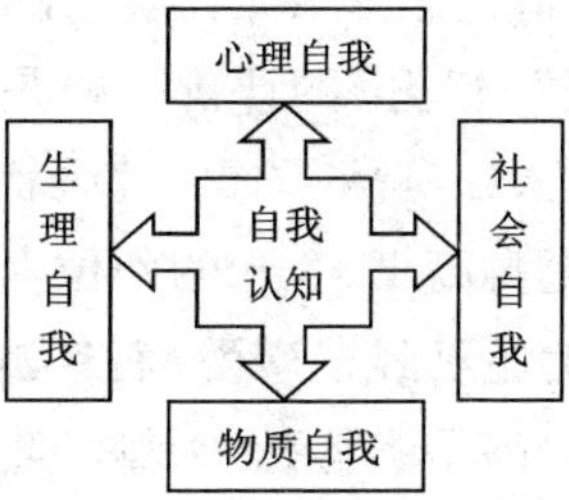

图4　四维度的自我认知

生理自我方面的优势:指一个人在面貌、长相、身材、体重、肌肉力量、神经反应性等方面的长处。具体内容则包括美丽、漂亮、靓、帅、英俊、潇洒、魁梧、口齿清楚、声音洪亮、牙齿锋利、胃口好、酒量大、肺活量大、血压稳定、心率有规律等。

心理自我方面的优势:指一个人在注意、感觉、知觉、记忆、思维、语言、想象、情绪、意志、需要、动机、兴趣、爱好、能力、技能、气质、性格等方面的长处。具体内容包括稳重、严肃、善谈、坚定、有耐力、果断、专心、灵活、聪明、反应快、敏捷、机灵、内向、外向、记忆力强、思维开阔、点子多、言语流畅、表达能力强、积极进取、顽强拼搏、不怕疲劳、兢兢业业等。

社会自我方面的优势:指一个人在与他人相处中所表现出来的长处。具体内容包括能倾听他人意见、善接纳不同观点、诲人不倦、人缘好、善良、贤惠、热情、大方、善解人心、平易近人、友谊广泛、真诚、坦率、冷静等。另外还包括具体的交往对象本身,如一个在法院任职的舅舅、一位在妇产医院供职的手术大夫、一个在北大任教授的哥哥、一位在美国斯坦福大学攻读博士的妹妹等。

物质自我方面的优势:指一个人在衣着、生活日常用品、住宿条件、通讯工具、交通工具、阅读书籍等物质资源方面所具有的长处。如一辆新自行车、一部彩屏和弦的手机、一个带录音收音的MP3、一部可录像摄影的数码相机等。

二、客观对待

理论上讲,任何一种优势或任何一种劣势在一个具体的个体身上都是客观存在的,差别只是程度不同而已。譬如就拿生理方面的“面貌”而言，每一个人都有自己的脸庞，或称脸蛋。脸蛋的美丽标准不是简单地分为“美”与“丑”两种，更多的是介于“美”与“丑”之间。常言道：情人眼里出西施。在个体优势与劣势的评价中，很多方面都像“美”与“丑”的评价一样是因人而异的。但也有一些指标看来是很客观的，如身高、体重、健康状态等，但是，是优是劣并不是完全客观的，同样是身高 1.58 米的两位女孩 A 与 B，其中 A 认为自己的身高是优势，因为她已经谈恋爱，而且她的男友称赞她身材很标准。B 却认为自己的身高是劣势，因为她一直还没有谈恋爱，特别是她同宿舍的女生个头都在 1.60 米以上。

三、按需提取

在每个人的优势体系中，所有的优势并不都是同时发生作用的。能否用好自己的优势关键在于能否做到“按需提取”。不论是生理方面的优势，还是心理方面的优势，也不论是社会方面的优势，还是物质方面的优势，我们都要根据当时情景的需要，及时组织好自己相应的优势项目，并有效地表现出来，为实现当时的目的服务。

如果仅仅会对自己的优势进行分类，而不善于根据奋斗目标来组织提取优势项目，那么这种优势管理的体系就存在一定的问题，需要及时改进。

成功心理行为训练(2)：成功心理学第一定律

成功心理学第一定律的内容是：知道自己自然再现的思维、情感或行为的模式，就是知道自己的优势。或简称为“获取成功第一步，知道自己的优势”。围绕“成功心理学第一定律”而开展的行为训练活动程序为：

1. 活动以团体行为训练进行为宜。整个团体为 80～120 人，实际人数视具体情况而定。

2. 把整个团体按 8～10 人分为一组。如把 100 人分成 10 组，每组

10 人。

3. 在各个小组中自荐或他荐产生一名小组长,由小组长负责主持本小组的活动。

4. 小组成员固定,属于封闭型团体。

5. 每一个成员列举出自己的优势项目,并把它们记录在纸上,时间大约为 8 分钟。

6. 每一个成员利用 3 分钟的时间把自己的优势项目进行表达。

7. 小组长对所有成员的观点进行总结。

小组成员每人说一句关于优势的话,结束此次团体活动。

第三章　从优势出发

在上一章中，介绍了什么是优势以及什么是劣势，并且对大学生的主要优势与劣势内容进行了表述。然后介绍了优势与劣势的识别方法。最后还对优势的分类及优势的对待与提取等进行了阐述，特别指出优势的提取在实现个体某一既定目标中的重要作用。

本章将继续从个体的优势结构体系及优势的管理出发，进一步阐述个体优势在其获取成功中的作用及其过程。从优势出发，就是站到了走向成功的起跑线上。

第一节　人人都有优势，人人都能成功

在成功心理学中，有一个“让兔子去跑步，让鸭子去游泳”的经典故事。这是成功心理学之父盖洛普在《飞向成功》一书中所介绍的故事。此故事的细节是这样的——

为了和人类一样聪明，森林里的动物们开办了一所学校。开学典礼的第一天，便来了很多动物，其中有小鸡、小鸟、小兔，还有小鸭、小山羊、小松鼠等。同时，学校为它们开设了5门课程：唱歌、跳舞、跑步、游泳和爬山。

第一天，老师宣布：今天上跑步课。此时，小兔子兴奋得在体育场跑了一个来回，并自豪地说，我能做好自己天生就喜欢做的事。可其他小动物，却有的撅着嘴，有的耷拉着脸……放学后，小兔回到家对妈妈

说,这所学校真棒!我太喜欢了。第二天一大早,小兔子蹦蹦跳跳地来到学校。老师宣布,今天上游泳课,小鸭子兴奋得一下跳进了水里。天生恐水的小兔傻眼了,其他小动物更没了招儿。接下来,第三天是唱歌课,第四天是爬山课……以后发生的情况,便可以猜到了,学校里的每一天的课程,小动物们总有喜欢的和不喜欢的。

这个寓言故事寓意深远,它隐含着一个通俗的哲理,那就是“不能让猪去唱歌,让兔子学游泳”。要成功,小兔子就应跑步,小鸭子就该游泳,小松鼠就得爬树。成功心理学的理论告诉我们,判断一个人是不是成功,最主要的就是看他是否最大限度地发挥了自己的优势。

通过上述故事,让每一个人都明确这样两个道理:一是指生活中的每一个人都是有优势的;二是指每一个人都只有从自己的优势出发才能获取成功。

成功心理学是一门两学分、开课时间为16次课的选修课。我对课堂管理从来就不用“点名”的方式。但有一次,也就是在成功心理学的最后一次课上,我破例点了一次名。然而,就在那一天,音响设备出了故障,点名的声音由于学生很多而很难听见。我只好不断地高声叫喊,而且有时还要反复几遍学生才能听清楚自己的名字。此时,一位大三男生,名叫林赫,他身材高大,但比较瘦弱。就在我声嘶力竭地叫喊同学们的名字时,林赫慢慢地从座位起身,并轻步向讲台走来,他走到我身边,试探着问我道:“老师,让我来帮你点名,好吗?”他同时补充与解释道,“我的声音很大。”

“可以,谢谢。”我高兴地接受了他的建议。

林赫的声音确实洪亮,他一开始点名,整个教室似乎显得安静了很多。

点名结束后,林赫很喜悦,他为自己当时的表现也感到很满意。这可以从期末考试的学习“成功心理学”的感受中看出来,林赫把自己经历的那件事记录到了考卷中。他认为那次事情就是他发挥自己优势的一个实例。他深刻体验到:“发挥优势、取得成功”的原则正在悄悄地改变着他的生活步伐，让他在成功的道路上走得更稳、更快。

第二节　不再是弥补不足

弥补不足，或称为修补瑕疵（repair flaws），通常是人们认为获取成功的一个重要步骤。特别是，在应试教育的背景下，大、中、小学中的各类学生总是处在不断地寻找自己的不足与缺点的过程中，采取种种措施来修补瑕疵、弥补不足，然后像蜗牛般地慢慢向前迈进。

朱焘，一位大三男生，他身材很高，爱好很广，但最喜欢的还是打篮球、唱歌、跳舞。朱焘父母对他的要求是努力学好英语，争取像他堂兄一样在大学毕业后去美国深造。可是，任凭朱焘怎么努力，他的英语水平就是很难提高，几乎总是处在同一个水平上，尽管勉强通过了大学英语四级考试，但六级水平考试已经参加过两次，仍然没有一次超过60分的合格水平，更不要说TOEFL考试与GRE考试了。他按照父母的部署参加过"新东方"培训，但并不见实质性效果。朱焘也常常在为出国之事困惑：出国深造为什么？这条道路对我适合吗？英语不是我的强项，每天把大量的时间放在自己的弱项上，既不见成效，也不见心情轻松愉快。

有一天，学校来了几位专家，他们想从大学生中挑选几位服装模特。朱焘的同学开玩笑地对他说：你的身材不错，你可以去试一试。说来有趣的是，朱焘还真的就去应试了，并且他出人意料地被录用了。可是，由于朱焘还没有毕业，他不能列入正式的录取名单。就从那以后，朱焘开始在课余兼职在那家公司从事这项服装模特的工作，并且发现自己对此有浓厚的兴趣。毕业后，他真正跨入了服装模特的行业，并且取得了很优异的成绩。

放弃自己的弱项，抓住自己的强项，这是朱焘获取职业选择成功后的真心体验。然而，在当今各类学校的学生中，还有相当数量的人在苦苦搏击，但他们所走的道路却是试图修补自己的缺点或不足。当前大学生家教、假期培训班、考研冲刺班等等，无一不是在改进自己的弱项。

我国还有一句名言：铁杵磨成针。但是，成功心理学创始人唐纳德·克利夫顿对此却有自己独到的观点。请看以下详细内容。

2002年5月28日，年逾七旬的唐纳德·克利夫顿在北京接受了5个多小时的采访和各种专访后，又与教育部陈至立部长进行了会面，而《中国教育报》记者郜云雁在这种情况下执著地等待了近7个小时后，终于与这位红光满面、才思敏捷的老人进行了一次单独交谈。采访时，记者郜云雁有一个问题是："您这次还带来了一本书——《首先，打破一切常规》，您真的认为所有的常规都应该被打破吗?"克利夫顿的回答是："不是的，我们强调的不是要打破所有的常规，而是要打破那些不能充分发挥人的优势、不能最优化发挥人的效率的所有常规。比如像'铁杵磨成针'，并不是一个最优化的过程，最优化的过程应该是把铁直接做成针，或者把铁直接做成铁杵，而不要先把铁做成铁杵，然后再把它磨成针。任何一个企业都要追求效益，追求生产的最佳配置。在生产过程中，把铁杵磨成针显然不是一种最佳配置。我们不排斥这个寓言所要表达的道理，比如'持之以恒'也是盖洛普支持的一个观点，但是我们所讲的'持之以恒'绝不是这种表现。如果你本来没有这种优势，但你却一再地坚持和不放弃，希望将你的弱势变成优势，那我们建议你一定要打破这条常规，因为这是不可能的，代价也是巨大的。"所以，克利夫顿建议，铁杵继续当好铁杵，在自己的岗位上争创一流，同时去买一根针用来缝衣服。同样，让兔子去跑步，让鸭子去游泳!

打破常规，从"弥补缺点"转向"发挥优势"，这不仅是成功心理学家克利夫顿的建议。著名的成功心理学家马丁·塞里格曼(Martin Seligman，1942—)在成功心理的研究中也得出一个重要结论："成就和幸福的核心在于发挥你的优势，而不是纠正你的弱点。第一步是识别你的优势。"塞里格曼是宾夕法尼亚大学福克斯(Fox)职位心理学教授、成功心理学网络主任、《学会乐观》(*Learned Optimism*，1991)一书的作者。他在1998年当选为美国心理学会主席。塞里格曼的主要研究领域就是成功心理学(Positive Psychology)。他的上述研究成果给所有追求成功的人们以深刻的启迪。

第三节　细微优势转乾坤

成功者卓越,失败者平庸。成功心理学家在深入研究后发现:表现平庸的人与表现卓越的人之间的区别其实很细微。

表现卓越的人并无非常之举。与他每天做出的无数次本能的选择相比,表现卓越的人有意识做出的更恰当选择其实是很有限的。

比如,苦苦挣扎的销售员与业绩出色的销售员之间的区别或许仅仅是每周多拨三个电话,或许是在做陈述时多留意了两个情感信号,或许是在交谈中恰到好处地多举了一个例子。模范教练与按部就班的老师之间的区别或许仅仅是多问两个问题,多花片刻倾听。无论您身处何种行业,达到持续、近乎完美业绩的秘诀在于诸如此类的细微之处。

注重这细微之处,正是人们的一种优势,这就是所谓的"细微优势"。细微优势往往可以透视到一个人的深层内涵,由此而扭转乾坤,转变命运。

肖瑞,一位来自四川西部的女孩,大学毕业后,一个人独自闯到北京。她先后在娱乐城、商场、职业培训处、科技公司等单位任职。她工作勤奋,热情大方,乐于助人,敢想敢干。在北京工作三年多的时间后,她已经建立一个属于她自己的广泛的人际关系网络。

2011年秋季的一天,肖瑞照常按自己的时间表在生活。那天是周六,她刚从一所公共浴室出来,然后向自己租的住房处返回。走到半路上,她看到一个近六十岁的老人在一家宾馆前徘徊,那位老人手里提着行李,看来不轻。肖瑞便上前询问:"大爷,你需要帮忙吗?"老人紧接着便问肖瑞:"谢谢,你知道附近还有宾馆吗?这家已经客满了,我只好再找一家了。现在晚上9点了,不知附近还有没有宾馆。我刚从外地来,对这里一点不熟悉。"

"大爷,我来帮你吧!"说罢,肖瑞便从大爷手中接过行李,带他到最近的一个宾馆看了看。由于当时正巧遇上住宿的旺季,那个宾馆也客满了。随后,肖瑞与那位大爷接连去了附近的三个宾馆,才找到了一家有空床位的旅店。

大爷住宿安顿好后,肖瑞才安心地走了。走时,大爷非常感激,并告诉肖瑞:"我是某地一家私人公司的负责人,这次是来北京谈商务。像你这样待人热情的大学生,我们公司很欢迎。"

两年后,肖瑞果真成了那位大爷公司的一名职员,并很快成了公司要员之一。

也许这是巧合,为陌生人指一指路,应该说是一件非常细微的事情。但从中可以看到一个人的热情待人、无私奉献、助人为乐等人格优势。这些优势正是我们在学校里未必能学到的。现在大学生的就业中,面试官也常常会在面试场景中巧妙地设置一些细节,由此来观察应聘者的言语、情感或行为的反应模式,并在最终决策时给予参考。

细微优势的培育与发展,也需要与强项优势或主导优势结合起来。主导优势正是才干、知识与技能三者综合构成的,而知识与技能都是通过细微的积累而发展成的。有关详细内容,请看下节。

第四节 才干、知识与技能三位一体成优势

正如前面几节所介绍的内容:从优势出发,重在发挥好自己的优势;从优势出发,还要注意不是弥补缺点;从优势出发,就是要明确细微之处成大业。

为了更好地做到"从优势出发,成美好人生",还很有必要更准确地、更透彻地对优势做深入分析。在此,首先对优势的结构进行分解。

当代成功心理学研究发现,一个人的优势就是由"才干""知识"与"技能"三者综合而成的。而"才干""知识"与"技能"是各有差别的。

才干(Talents)是指自然复发的思维、情感或行为的模式,它在应用

中能产生实际效果。才干是先天和早期形成的，一旦定型很难改变。

知识（Knowledge）则由所学习到的事实和教训组成。

技能（Skills）就是习得的能力，这些习得的能力有助于完成具有基本步骤的某种活动。

才干、知识与技能三者结合起来才能创造出一个人的优势，这优势就是此人的能力，即在某种活动中提供持续一致的、近乎完美的表现的能力。成功心理学发现，每个正常人都有其独特的才干以及用才干构成的独特优势。优势也可以用通俗的说法来解释，即优势就是一个人天生能做一件事，比其他一万个人做得好。如在一个有36名大学生的班中，某大学生L在唱歌方面比其他35人唱得好，那么唱歌就是L的一项优势。

才干、知识与技能之间的差别还表现在“先天固有的”与“后天培养的”。

但是，在建立关系网、制定战略或说服人等优势中，哪些方面是天生的？哪些方面是可以学会的？在开发优势时，技能、知识、经验或自我意识发挥什么作用？如果不知道如何用一个简单的方法来解答这些问题，一个人就可能在无法培养的优势上浪费时间，或相反地，人们也可能过早放弃可以培养的优势。

譬如，对陌生人感兴趣并乐于和他们建立联系是一种才干（具有“融洽”主题），然而能够建立一张乐意为自身竭力服务的人际关系网络则是一种优势。这一优势的建立是个体用技能和知识完善他的才干的结果。同理，能当面反驳别人是一种才干（具有“命令”主题），然而拥有让客户签合同的能力却是一种优势。要说服他人购买你的产品，你必须将你的才干与产品知识和推销技巧结合起来。

尽管才干、技能和知识对于建立优势都很重要，才干永远是最重要的。因为，技能与知识可以通过后天学习和实践获得，人的才能却是天生的，不可习得的。例如，一名推销员，他能学会怎样描述产品特征（知识），甚至能学会怎样巧妙地问一语双关的问题以探询顾客的需要

（技能），但是在恰当的时机让潜在顾客签合同的内在的能力（该才干归在“命令”与“个别化”主题中）却是天生的，学不到的。

建立与完善优势的关键是识别你的主导才干。主导才干常常寓于你的“标志主题”中，并且需要用知识和技能使之完善。

把握了优势是由才干、知识与技能组成的三位一体时，就可以从实质上做到“从优势出发”，把“从优势出发”同“知识的积累”“技能的训练”结合起来，并通过“知识的积累”与“技能的训练”来更好地发挥好每个人的优势。

第五节　从优势到职业

通过知道自己的优势，并发挥自己的优势，其最终需求是什么呢？这正是我们在成功心理学中所关心的根本问题。

其实，发挥优势的最终需求是多方面的，不过最根本的仍然是——职业。

一个人的职业应该如何选取呢？下面还是先来看看一些实际的例子。

周宏，大学一年级男生，他学习的专业是“材料科学”。高考结束后，为了确定周宏的大学志愿，周宏的父母提出了他们的观点：材料科学是21世纪我国优先发展的学科之一，选择材料科学具有远大的前途。特别是他们还结合自己多年从事新材料研究的亲身经历，指出材料科学研究的潜力很大，新材料的开发永远是我们这个时代所追求的。就这样，周宏没有做更多的分析就听从父母的指导选择了“材料科学”专业，最终被录取到此专业。

进入大学后，他感到自己对所学的专业并不感兴趣。在心理老师的推荐下，周宏做了一个职业倾向性测验，此测验就是著名的“霍兰德职业人格能力测验”。在此测验中，有四个基本假设：一、人的个性大致可分为六种类型——现实型（Realistic）、研究型（Investigative）、艺术型(Artistic)、社会型(Social)、企业型(Entrepreneur)、常规型(Conventional)。二、人所从事的职业也可以分为六类——现实型、研究型、艺术型、社会型、企业型、常规型,任何一种职业大体都可以归属于六种类型中的一种或几种类型的组合。三、人们一般都倾向于寻找与其个性类型相一致的职业类型,追求充分施展其能力与价值观,承担令人愉快的工作和角色,职业也充分寻求与其类型相一致的人。四、个人的行为取决于其个性与所处的职业类型,可以根据有关知识对人的行为进行预测,包括职业选择、工作转换、工作绩效以及教育和社会行为等。也正是这四个基本假设使周宏决定接受这个测试。

周宏的测试报告结果为:“您的六种职业倾向按其总分大小顺序依次排列为:企业型、社会型、现实型、艺术型、常规型、研究型。您的主要特点是:喜欢领导和左右他人,具有领导能力、说服能力及其他一些与人打交道所必需的重要技能。爱好商业或与管理人有关的职业。雄心勃勃,友好大方,精力充沛,信心十足。根据您的职业倾向,可供您选择的职业按其适合您的程度大小依次为:推销员、进货员、商品批发员、旅馆经理、饭店经理、广告宣传员、调度员、律师、政治家、零售商……”

面对此结果,周宏发现自己并不适合从事像他父母所推荐的职业类型。在所有的职业倾向中,研究型是排在最后的。而事实也似乎逐步显示出,周宏比较适合领导型的岗位,他参加了多个社团,而且在其中都担任了比较重要的职位,他人缘很好,而且对自己充满信心……

经过这次测试,周宏对自己未来职业的定位有了一个比较明晰的印象。

心理测试,当然只是一种参考指标。但透过周宏职业选择的过程,可以发现:选择职业最可行的办法就是从自己的人格特点出发,而不是从父母或他人的简单经验出发。用成功心理学的术语来说,就是从个人的优势出发。

古今中外,取得杰出成就者不计其数。但当我们总结其成功之道时,就会发现,他们除了超凡的智力与努力之外,善于职业生涯设计也十分重要。其中非常关键的一条就是善于根据自己的长处决定终身职业。当一个人经过一段时间的探索和思考，他对自己的兴趣、思维以及知识结构等方面的强项弱项就会有所认识，就可以决策，扬长避短，按强项来进行“职业生涯定位”。譬如，爱因斯坦的思考方式偏向直觉，他就没有选择数学，而是选择更需要直觉的理论物理作为事业的主攻方向。爱因斯坦从自己的优势出发所做的职业选择最终使他获得了辉煌的成就。

成功心理行为训练(3)：成功心理学第二定律

成功心理学第二定律的内容是：获取成功与“发挥优势”成正比，与“改进劣势”成反比。或者称为“获取成功第二步，发挥自己的优势”。围绕“成功心理学第二定律”而开展的行为训练活动程序为：

1. 活动以团体行为训练进行为宜。整个团体为 80～120 人，实际人数视具体情况而定。

2. 把整个团体按 8～10 人分为一组。如把 100 人分成 10 组，每组 10 人。

3. 在各个小组中自荐或他荐产生一名小组长，由小组长负责主持本小组的活动。

4. 小组成员固定，属于封闭型团体。

5. 每一个成员围绕自己的优势项目设计一件适合自己从事的事件并记录在纸上，时间大约为 8 分钟。

6. 每一个成员利用 3 分钟的时间把自己设计的事件进行解说。

7. 小组长对所有成员的解说进行总结。

小组成员每人说一句关于发挥优势的话，结束此次团体活动。

第四章　避开劣势

知道自己的优势，是人们在成功的道路上迈出的第一步。发挥自己的优势，则是胜利地迈出的第二步。但还有重要的第三步，那就是“避开自己的劣势”。优势与劣势在每一个人身上都是并存的。获取成功，不仅要善于发挥优势，而且还要善于避开劣势。发挥优势可以让人们开足马力地前进，避开劣势可以使人们绕过前进道路上的种种障碍，防止不必要的碰撞。如果不注意劣势的回避，目睹的结果可能就是失败的景象，耳闻的事实可能就是失败的声音。

第一节　来自失败的声音

失败，是任何人都不喜欢的一个词汇。

但是，失败并不会因为人们厌恶而消失。相反，它就像“成功”的一个影子，永远伴随在“成功”的周围。

对于失败，国内外也有过不少研究与论述。生活中众多的警句名言也常常涉及“失败”的内涵。略举例子如下。

“失败是成功之母。”

“年轻没有失败。”

“失败与成功的差距其实很小，关键在于自己的感受。”

……

在日本，还有一位“失败心理学”专家，他叫畑村洋太郎，在 2002

年还专门出版了一本《失败学》,对失败进行了较广泛的研究。

我们期待成功,但永远不要忌讳失败。研究失败,目的在于让后来者不重蹈覆辙。总结失败,可以使人们不在同一块石头上被绊倒两次。常常聆听来自失败的声音,我们在成功的道路上会走得更加顺畅。

电视台在某一著名栏目中播出了一期涉及大龄婚姻的主题。其中一位嘉宾是某机关干部X,他在自己的恋爱过程中,一直恪守自己的恋爱标准,要求女方是:30岁以下,1.65米以上,学历本科,相貌姣好,谈吐优雅,知书达理,聪明贤惠。事实表明,在多年的苦苦寻觅中,符合这个标准的女子没有在他的视野中出现。有时偶尔现过一下身影,但很快就消失得无影无踪。正如当时在座的部分观众所总结的:生活中肯定有那样的女性存在,但她也有自己的一套标准,譬如她要求男的身高在1.80米以上,家有小车,还有宽敞的住房等。换一句话来说,其实就是"30岁以下,1.65米以上,学历本科,相貌姣好,谈吐优雅,知书达理,聪明贤惠"的女士的恋爱候选人中可能根本就无法把X纳入其中。X之所以恋爱失败,其根本原因在于X给爱情套上了众多条条框框。然而,X本身并没有意识到这一点,尽管观众不断提醒他。针对X誓守爱情标准不变的盛气凌人的言行,最后一位男观众当场评价说:"北京话,一条筋。"另一位女观众的评说是:"偏执。"

上面的例子,其实就是对恋爱失败心理的一次很好的剖析。不过从中我们也发现,正视失败却是一件很不容易的事情。如果一个人不能正视自己的失败,甚至不承认自己的失败,那就无法深入分析失败的原因,更不能扭转失败的局面,踏上成功的通衢大道。

聆听来自失败的声音,还需要有一定的方法,至少应做到如下三点。一是聆听失败的结果。失败带来的结果,都是人们不愿看到的,也是人们不想经历的。谁都不愿亲身体验失恋的滋味,谁也不愿遭受一次又一次面试后被拒签的尴尬,但抽出适量的时间聆听一下各类失败的结果,可以使人们增加一种新的感受。二是聆听失败的原因。三是聆听失败的对策。仅仅停留在聆听失败的结果上,只能增加人们心灵上的苦楚。聆听失败的原因与对策，才能驱散心中的阴霾，迎来明媚的阳光，使人们曾经痛苦的脸庞最终绽开灿烂的笑容。

第二节　失败三类型

聆听失败的结果、聆听失败的原因、聆听失败的对策——这就是聆听失败的声音。但是，人生何为失败？其实，对失败进行界定与分类是不可忽视的第一步。本节将对失败的类型进行分析。

失败的分类有很多，人们根据失败的结果、失败的原因等都可以进行分类。本书中，将采用个体对失败的主观评价进行分类。根据自己与他人对失败的评价不同可以分为三类：标准型、自感型、他感型。参见表 13。

表 13　失败三类型

他人感到不失败但自己感到失败（自感型）	他人感到失败自己感到失败（标准型）
自己感到不失败他人感到不失败（不失败型）	自己感到不失败但他人感到失败（他感型）

从表 13 可以看出，一个人对失败的评价与他人对失败的评价，可以构成四种组合，除了“不失败型”外，其他三种组合都是失败型。下面对这三种失败做进一步的解释。

一、标准型失败

标准型失败就是自己与他人都认同的失败。诸如马加爵、胡长清、成克杰、刘青山、张子善、药家鑫、林森浩等人，他们的失败就是属于标准的失败。1948 年出生，1999 年 6 月还在接受贿赂，然而在 2000 年 3 月 8 日国际妇女节时就被执行死刑的胡长清在服刑前也进行了自我忏悔，归纳了他失败人生的三个原因：第一，不学习，迷失了方向；第二，忘了本，丢掉了艰苦奋斗的优良传统；第三，放松了思想改造，个人主义、享乐主义的私欲恶性膨胀。胡长清还有一段描写自己艰苦童年的文字：

我(胡长清)出身在一个穷乡僻壤的山村，小时放过牛、种过田，每天上学要跑七八里路，还要挑20斤萝卜到小集镇上去叫卖，挣两个小钱好买个本子，交点学费。至今，我后背脖子上还有小时挑萝卜卖、挑柴卖而被担子磨起来的大包。一双破旧球鞋，穿了整整五年，我妈给我补了又补，下雨天湿了，我爹晚上便在火炕边给我烤干。为了支持我读中学，两个姐姐中途辍学，确保我一人奔前途有个出息。父亲因水肿病不能治愈去世时，我才不到12岁，就靠我小脚的母亲养育我……

成功者都有类似的经历，失败者则有各自不同的失败原因。人生中，学业失败、恋爱失败、职业失败、生意失败……种类多多，但不管是什么失败，只要是标准型失败，都是成功心理学中需要重点分析的对象。

二、自感型失败

自感型失败就是自己感到失败，但其他人并不感到失败，甚至他人感到的完全是成功。

2003年4月1日，正好是西方的愚人节。那一天，我在南开大学的BBS上看到了一则关于香港影视明星张国荣(1956年生)跳楼自杀的消息。当时，我的第一印象是，发帖者在愚人节开玩笑。从回复的众多帖子中，也可以看出绝大多数人都持怀疑态度，到处充斥着“这消息是真是假”的文句。

但后来越来越多的信息迅速累积起来，张国荣自杀事件是事实，不是玩笑。正如众多学生所说，我们真不理解自己所崇拜的成功偶像，为什么会做出失败者的自杀行为。张国荣的失败，就是典型的自感型失败。

自感型失败的结果常常令人不解，或令人感到震惊。自感型失败的原因则往往比较隐蔽，需要有关专家做深层次的分析与研究。

三、他感型失败

他感型失败就是他人感到失败，但当事人自身并不感到失败，甚至感到自我成功，得意洋洋。

譬如，2003 年夏天，伴随着夏季的到来，气温在慢慢地升高。与此同时，在虚拟的网络世界里，一位某大学毕业的女生 L 在中国博客中开辟了一个小空间，用于展示自己的性体验。L 用身体开展的写作使相关网络一时也骤然升温，并引起他人乃至整个社会的关注。

毋庸置疑，L 的行为是典型的他感型失败。尽管 L 自身感到成功，但大多数其他人都认为她的行为是失败的标志。

他感型失败，不仅包括那些没有自知之明者，特别需要强调指出的是，在我们生活的现实世界中，还有各种不法犯罪分子，他们在实施犯罪行为时，也有得逞之时，犯罪的得逞会使罪犯感到成功，但众多的他人与广泛的社会成员毫无疑问都认为他们是十足的失败者。

他感型失败的后果危害性更大。如果说自感型失败的后果主要危及的是自身，那么他感型失败的后果可能危及的对象主要还在他人甚至社会。他感型失败的原因也更加复杂，同样需要做专门的研究。

最后，介绍一下不失败型。"不失败型"，不等于"成功型"。因为"不失败"比"成功"具有更广泛的内涵，或者说"成功"只是"不失败"的一部分。

对于成功，我们也可以采用个体对成功的主观评价进行划分，而且同样可以分为三类：标准型、自感型、他感型。参见表 14。

表 14　成功三类型

他人感到不成功但自己感到成功（自感型）	他人感到成功自己感到成功（标准型）
自己感到不成功他人感到不成功（不成功型）	自己感到不成功但他人感到成功（他感型）

表 14 中的"不成功型"同样包含了"失败型"，但比"失败型"具有更广泛的内容。参照表 13，标准型成功、自感型成功与他感型成功也

很好理解。

像阿里巴巴创始人马云、腾讯公司创始人马化腾、京东创始人刘强东、美团创始人王兴、抖音创始人张一鸣就是标准型的成功者。因为马云等本人认为自己取得了成功,其他人也都认为他们获得了成功。在不严格区分的情况下,可以把“自感型成功”理解为“他感型失败”,把“他感型成功”理解为“自感型失败”。

在本书中,以后所论述的失败案例主要包括“标准型失败”“自感型失败”与“他感型失败”三种。

第三节　失败启示录

成功一定有方法,失败一定有原因。

在失败的原因中,一个根本的问题是,失败者不是从自己的优势出发,恰恰相反,而是局限于劣势之中,“从劣势起步,让劣势在生活中放纵发展”,最后导致失败。

在这一节中,主要通过列举一些失败的案例,分析造成此失败的具体原因,特别是失败的心理原因。给人们以深刻启示。

失败启示录(1):东施效颦

东施效颦,指东施在模仿西施皱眉头的动作时使其显得更丑陋。

模仿,是指发生在人际行为以及群体行为中的社会心理现象。正如一位著名的社会学家所说,“在我们这个社会中,只有百分之一的人在创造,其他百分之九十九的人都在模仿”。在个体的成长过程中,模仿是获取经验与技能的必要手段。

但是,在实际模仿中,我们还是要注意使用好模仿的规律。模仿,不是简单地对他人言语与行为的照搬照抄,而是要结合自己的实际情况,正确地对他人的优势进行仿效。通过仿效,能够增强自己的适应能力,扩展自我的生存发展空间,这样的模仿才是有意义的。不合理的机械仿效,不但不能促进自己,反而会成为自身发展的障碍。从成功心理学的角度来说，东施的劣势是相貌，皱眉头也不是西施的优势，东施的模仿正是不合理模仿，这就是东施失败的原因所在。

分析：对他人的成败进行正确的归因，找出其成功的真正优势与长处，并正确地进行模仿。避免对他人的强项与弱项不分，甚至以弱为强，危及人生大事，影响美好未来。

失败启示录（2）：不敢抬头看

一位大四的学生 M，由于家庭经济困难，他决定不参加研究生招生考试，而是准备直接参加工作。眼看班上的同学要么忙着考研，要么忙于参加一个又一个招聘会，而他自己还不知如何对待应聘。在投了 10 多份简历后，尽管获得过一次面试的机会。但是，那次面试时，M 感到异常紧张，急得满头是汗，不知如何与面试官对话，眼睛也不知该看面试官的什么地方。那次面试的最后结果是惨败，后来 M 又参加过两次面试，但每次都不敢抬头看，不敢正视面试官，而且一次比一次严重，结果可想而知，都以失败而告终。

分析：恐惧担忧，是一个人的心理特质上的劣势，一旦让劣势主导了自己的行为，迎接我们的就只有失败了。战胜忧虑有很多的方法。如心理学发现了最基本的一条定理——不论一个人多么聪明，他都不可能在同一时间想一件以上的事情（如果同时在想两件事，那这两件事也是轮流交替地出现）。简单地说，这种方法就是让自己忙起来。还有一种方法就是所谓的“卡瑞尔万灵公式”。用此公式战胜忧虑需要完成如下三步：一、毫不害怕而诚恳地分析整个情况，然后找出万一失败可能发生的最坏情况是什么；二、找出可能发生的最坏情况之后，就让自己在必要的时候接受它；三、平静地把时间和精力拿来试着改善心理上已经接受的那种最坏的情况。

失败启示录（3）：挣扎在 DDL 边界

2020 年春，新冠疫情发生后，大一学生 S 开始在线上接受各类课程的教学。除了切身体会到了线下课程从未有过的便捷性外，他还感受到了随意性、自由性、休闲性以及课堂管理的松散性等。

在冷冷的电脑屏幕后，各类线上课程如期开展。由于自律性与自我控制感等的欠缺，S 在无人监管的学习背景下，除了断断续续地听老师讲课外，还用手机浏览着其他网络信息，特别是各类短视频。随着时间的流逝，他的学习习惯与生活习惯逐步发生着巨大的变化。每天大量的时间都被一条条短视频吞噬着，由此导致 S 每天都不能正常完成老师们布置的作业，始终挣扎在 DDL(Deadline，即截止期)边界，学习状况趋于恶化。就这样，每天临睡前 S 都痛心疾首，对一天浪费的时间追悔莫及，下决心明天痛改前非，有新的开始。但新的一天来临后，旧有的学习、生活模式重现，S 依然每天陷入网络世界，挣扎在 DDL 边界。

分析：在社会发展过程中，对出现的或突发的诸如线上课程的新问题、新局面，能否科学应对，特别是如何提升自我心理特质、增强自控能力等，都是值得深入思考的主题。

失败启示录(4)：平等沟通缺乏

2004 年 2 月 13 日至 15 日，云南大学大四学生马加爵与同学因生活琐事发生矛盾，积怨已久的马加爵便用铁锤先后将 4 名同学逐一杀害，并藏匿于宿舍衣柜内后逃匿。经公安部通缉，马加爵 3 月 15 日晚在海南三亚落网。4 月 24 日，昆明市中级人民法院一审判处马加爵死刑，剥夺政治权利终身。6 月 15 日，马加爵接受了《中国青年报》记者崔丽的最后一次采访，其间他们的对话谈及沟通、成功等主题，下面为他们对话的部分内容："……记(指记者)：你举起铁锤，就因为玩牌时拌了几句嘴？马(指马加爵)：(双手紧搓)他们不光说我打牌作弊，而且说我平时为人怎么怎么样。他们说的与我一直以来想象中的自己很不同，我恨他们。记：你认为自己是个真诚的人？马：我平时对人蛮真诚。记：有没有想过去和他们谈谈，交换一下看法呢？马：(摇头)没想过，不可能的，当时只想到恨。你刚才讲，人家分析我杀人的原因时说到我的性格，现在想，可能还是因为我的性格吧……记：你理解的成功的标志是什么？马：说不上来，反正也不比别人差。(又想了想)你这样一问,我也觉得自己不怎么成功,没什么特别的。自卑?是某些方面不如人,才会自卑。我没有什么方面特别不尽如人意,只能算是个普通人。不是成功,也不算是失败嘛,这在于一个人的心态。你认为满足就满足,我认为自己平时挺满足的。”6月17日,马加爵被押赴刑场,执行死刑。

在短短的四个月的时间内,先后五张年轻的面孔就这样从云南大学永远消失了。

分析:善于与人平等交流思想,是一个人获取成功的一大优势。不懂得与人平等沟通则是一个人的严重劣势,有时这劣势可能是致命的,它不仅使人遭受失败,还可能使人自我毁灭。马加爵事件的教训是深刻的。我们应该加强人际之间的平等沟通,化干戈为玉帛,消除生活中人际交往的不和谐声音,让大家在和谐交往中体验快乐、拥有幸福。

失败启示录(5):错位的生死观

某高校大二女生N,在大一时与另一个系的男生H相识后,两人很快就进入热恋阶段。彼此几乎形影不离,一个月后两人就开始发生了性关系。半年后,H由于种种原因而移情别恋,与N的关系日益冷淡,但始终保持藕断丝连。就在这时,N发现自己月经过期没来,她突然警觉到一种不祥的事情就要在她身上发生。经医生检查证实,她怀孕了。就在这时,N马上开始寻找H紧急处理此事。然而,H对此置之不理,不闻不问。最后干脆天天手机关机,让N无处找他。就在此关键时刻,无奈之中的N最终选择了结束自己的生命,在一个宁静的晚上,她来到一条小河边,在那里她与H曾经嬉戏过,然而今天花谢花落,一切美好的希望都丧失了,N纵身一跳,一出悲剧就这样被上演。

分析:能乐观地面对生活中的不幸,建立合理的人生观、价值观、恋爱观、友谊观、职业观以及生死观等,是现代人应该具备的一种优势,它可以使人从不幸中走出,帮助人迈向幸福快乐的生活。中国心理学会理事长张侃2004年3月20日在天津大学首届心理文化节的开幕式主题报告会上谈及生死观时,他幽默而精辟地论述道:“对于死,不要急,人人都有份，迟早都会来。心理学界有一位著名的工业心理学创始人，最近几天刚刚去世，他活了103年，不还是等到了嘛！死，不是人类最终的奋斗目标。”张侃理事长的话对大学生心理教育也许有一定的启迪。

失败的案例举不胜举，但分析的方法都是基本一致的。多分析一些失败的案例，多积累一份间接的经验。这有利于人们吸取各种历史教训，促进个体的成长。

第四节　缺乏“人才”库的悲哀

在生活中，我们每一个人基本上都有在银行存款的亲身经历，同时也有在脑海中储存知识的切身感受，但却有不少人从来就没有在自己的社交圈中储备人才的真心实情。

任景，男，某重点大学本科毕业生。大学几年，通过自己的辛勤努力，在学校多次获得国家奖学金，学习成绩无可厚非。但是，在朋友的往来上，从任景的同学给他的绰号“人精”就可以看出，他为人小气，待人接物少有训练，几乎无深交朋友，班内班外人缘平平。直到大学毕业后，他交往了一位异性朋友，并且准备结婚，在决定筹办婚礼时，他突然发现自己几乎没有可请的好友。就是同事，平日里交往也很少，请同事那完全是出于工作关系的原因。

面对未婚妻买来的结婚请柬，他执笔的手停在空中，脑海里却是“思绪万千”，似乎是一场人际关系的盘点工作在实实在在地展开。

任景，为自己交友的失败在默默思考着……

像有过任景这种经历的人并不少，或许事情性质有所不同。

这充分说明，在我们人生的道路上，我们除了做好“金钱储备”“知识储备”外，还要做好“友谊储备”。“金钱”可以储备在“银行”“密码箱”里，“知识”可以储备在“脑海”“书本”里，而“友谊”储备在哪里呢？友谊储备场所的不明确性，带来的是人们对“友谊储备”的忽略。

所以,首先界定好友谊储备的场所就很有必要了。事实上,“友谊”就储备在“交友圈”里,也储备在“微笑”里、“招呼”中、“短信”里、“E-mail”中……

有了这样的思想准备时,紧接着就是审视自己现有的人际关系。并通过各种途径更新自己的现有人际关系网络。最终创造好自己的智囊团。

个体智囊团基本上还可以分为四大类:一是学业智囊团;二是娱乐智囊团;三是爱情智囊团;四是职业智囊团。

学业智囊团就是以学业为中心而形成的人际关系网络。这个网络应包括从小学、中学、大学一直到硕士、博士等阶段的学习过程中个体所结识的、能够互助的、并且自己可以主动联系的人员。

娱乐智囊团就是以娱乐为中心而形成的人际关系网络。从幼儿开始,人们就开始了各种适于自己的游戏活动,在年龄渐渐长大后,游戏不再叫游戏,而是改名叫娱乐。正是在这些游戏与娱乐等相关活动中,人们所结交的、并且自己可以主动联系的人员构成这个网络。

爱情智囊团就是以一个人的爱情生活为主线而形成的人际关系网络。这里所说的爱情智囊团是广义的,是指从爱情开始的、围绕爱情扩展开来的、并且自己可以主动联系的人员。整个亲戚家族等都可以纳入到爱情智囊团之中,恋人或爱人的整个关系网络也可以列入个体的爱情智囊团。

职业智囊团就是以个体的职业活动为中心而形成的人际关系网络。这里包括个体职业兴趣的培养过程、职业学习的专业化训练过程以及职业活动的独立实施过程中积累起来的并且自己可以主动联系的人员。

不论是学业智囊团,还是娱乐智囊团,也不论是爱情智囊团,还是职业智囊团,它们都是在不断变化的,而且在内容上有可能还会彼此交叉。因此,在创造和稳固自己的智囊团时,要注意学会从变化发展的视角与交叉联系的视角来进行审视。

第五节　失去听力，还有视力

我很少参加有奖投票之类的活动，但是对2005年的春节联欢晚会活动却例外。中央电视台文艺中心、广告部、中国电视报、央视国际网络和内蒙古草原兴发股份有限公司在2005年春节联欢晚会结束后，随即共同推出“‘绿鸟鸡杯’我最喜爱的中央电视台春节联欢晚会节目评选”活动。根据春节晚会节目的安排，网上评选将分别以小品、歌舞、戏曲、曲艺及其他三类方式进行有奖投票。在进行最喜欢的节目评选中，就歌舞类节目而言，我毫不犹豫地选择了“千手观音”。其原因在于参与此节目表演的演员全部是聋哑人。谈及其中的演员，我不得不提及邰丽华，她给人留下的印象极其深刻。请看相关介绍：

邰丽华，湖北宜昌人，1976年11月出生。这个名字广泛地为人所知，那还是2004年9月28日在雅典举行的残奥会中中国表演的6分钟《千手观音》节目。然而，在她的身后留下的却是常人难以理解的一条非常艰辛的道路。

邰丽华是在两岁时因高烧注射链霉素失去了听力的。正当家长欣喜地为她设计人生之旅的时候，这场高烧却使她堕入了无声世界。直到5岁时，邰丽华才知道自己的世界与真实世界隔着一堵无声的高墙，别人可以升入正常的小学，而她只能在聋哑学校就读，将自己深锁在一片孤寂的世界里。邰丽华7岁进入市聋哑学校。

1991年，15岁的邰丽华开始接受正规舞蹈训练。她的执著为她的成功之路奠定了坚实的基础。就拿“原地转圈”来说，在刚刚正式接受正规舞蹈训练时，她每天24小时中除了吃饭和睡觉，其他时间都是在练习舞蹈。开始训练后，她就将自己变成了一只旋转的陀螺，在仅仅半个月后，便由原地只能转几个圈，很快就可以转到二三百圈。她只用半个月的时间就让指导老师对她另眼相看。

舞蹈与音乐通常是不可分的，然而邰丽华的舞蹈却是没有音乐伴奏的。她把握旋律的唯一的方法就是记忆、重复、再记忆、再重复。重复到最后的时候,她的心里就有了一曲为她自己所控制的旋律。其间,她要克服巨大的困难。

翌年(1992年)10月,她作为唯一的一位残疾人舞蹈家登上意大利斯卡拉大剧院的舞台。同年,邰丽华到马里西亚表演,当地的一位华裔富家子弟为她的魅力所倾倒,三次向她求婚。

1994年,邰丽华考取湖北美术学院装潢设计系,并于1998年完成学业顺利毕业。据她的同学回忆:我们是在听课,而她却是在"看"课——看老师的口型、看板书、看教材,比我们多花几倍、十几倍甚至几十倍的心血!

由于残疾,邰丽华过早地经历了太多的人生坎坷,然而这对她也未必不是好事,使她养成了勤于进取的坚韧精神。熟悉她的人都说,她拥有甚至健全人都难以达到的乐观和平和,总是以那样甜美的微笑,面对着人生道路上的风风雨雨,奋力前行。

2000年,24岁的邰丽华在纽约卡内基音乐厅演出。2002年8月,邰丽华调到北京中国残疾人艺术团担任演员队队长,同时兼任中国特殊艺术协会副主席。邰丽华除了辗转世界各地表演,最大的梦想就是为残疾人创造出自己的舞蹈,她进一步解释说:"现在的舞蹈都是正常人帮助编排的,那是正常人的舞蹈,我希望能创造出残疾人自己的舞蹈形式,这种舞蹈,要让盲人可以'看',让聋哑人可以'听',让肢体残疾的人可以'演',要让所有残疾人可以共享舞蹈艺术的完美境界。"对于这个梦想她不是很懂,她只知道艺术是无止境的,作为一个残疾人艺术家,她的事业更是充满了奋斗的不确定性。她希望有一天可以真正走进残疾人的心灵世界,与他们共同分享那种因为残缺而带来的完美。同时,邰丽华有一个信念:在自己未来的人生中,在自己喜爱的舞蹈艺术中,只要前面有路,不管路上有多少荆棘和险滩,都要坚强地踏过去。

邰丽华很知足,很珍惜她现在的生活、她的舞台,尤其是她的爱情。她和青年电脑工程师,知识分子家庭的独子、一位很帅的健全人——李春缠绵恋爱了七年,在2002年3月终成眷属。

邰丽华先后获得第三届、第四届全国残疾人艺术汇演一等奖,第五届全国残疾人艺术汇演金奖,国家文化部、国家广电总局、国家新闻出版署、中国残联共同主办的第二届“奋发文明进步奖”个人文艺奖,以及湖北省和教育系统艺术汇演的一系列重要奖项。而且在很多次舞蹈比赛中,评委们根本没有发现她竟是一位双耳失聪的残疾人。

邰丽华曾经用这样的文字,精辟而质朴地概括了自己的人生哲学:“其实所有人的人生都是一样的,有圆有缺有满有空,这是你不能选择的。但你可以选择看人生的角度,多看看人生的圆满,然后带着一颗快乐感恩的心去面对人生的不圆满——这就是我所领悟的生活真谛。”

2023年4月8日,邰丽华入选《2023中国品牌女性500强》榜单,位列160。事实上,参与表演的24位演员,每一个人都走出了一条非常不平凡的道路,但毫无疑问是一条适合于他们的成功道路。

成功心理行为训练(4):成功心理学第三定律

成功心理学第三定律的内容是:优势劣势,大小相等,作用相反,优势导致成功,劣势导致失败。或简称为“获取成功第三步,避开自己的劣势”。围绕“成功心理学第三定律”而开展的行为训练活动程序为:

1. 活动以团体行为训练进行为宜。整个团体为80~120人,实际人数视具体情况而定。

2. 把整个团体按8~10人分为一组。如把100人分成10组,每组10人。

3. 在各个小组中自荐或他荐产生一名小组长,由小组长负责主持本小组的活动。

4. 小组成员固定,属于封闭型团体。

5. 每一个成员列举出自己的4项劣势,并围绕这些劣势项目写出相应的不适合自己从事的事件并记录在纸上,时间大约为8分钟。

6. 每一个成员利用3分钟的时间把自己列举的劣势及相应的事件

进行简单描述。

7. 小组长对所有成员的描述进行总结。

小组成员每人说一句关于避开劣势的话，结束此次团体活动。

目标终点篇

在上一篇中，主要讲述了优势劣势的认知规律，由此使人正确地站到成功的起跑线上。从本篇开始，将用三章的内容来讲述目标在成功心理学中的相关规律。

第五章　目标的选择

知道了自己的优劣势，还只是对成功的起点作了一个初步定位而已。但是，要获取成功仅有起点是不全面的，因为不知道自己的目标，就不知道自己的前进方向，人们就永远无法取得成功。所以，建立合理的人生目标，便成了成功心理学中的第二大要素。本章主要讲述目标的选择问题。

第一节　欲海横流，有舍有得

马加爵在临刑前接受记者采访时讲过一句忏悔的话，“没有理想，是我人生的最大失败”。这里的理想就是成功心理学中所讲的目标概念。目标的内容主要分三部分：

一、目标的含义

目标(target)，就是人们内心所追求的东西。这里所说的“东西”具有广泛的内涵。目标可以指人。比如，当一名男大学生正想追求本班的一位女生时，这位女生客观上变成了该男生的一个目标。当某公司人事经理计划在劳务市场招聘几位大学毕业生时，这些符合招聘条件的大学毕业生便成了人事经理力求寻求的目标。目标也可以指物。比如,个体力求获得的奖学金、计划到商场去买的红薯片、肥皂、洗衣粉或卫生巾等。目标还可以是事。比如,到洗澡堂洗一次澡,去游泳馆游一次泳,上美容理发店理一次发等。目标既可以是物质的,如汽车、别墅、手提电脑、等离子电视等,也可以是精神的,如荣誉证件、领导和老师的表扬、同学与朋友的夸奖等。用通俗的语言可以归纳为一句话:目标就是人们的内心欲望与需求。

二、目标的多元性

目标的多元性,就是指一个人的目标内容是多元的,目标的层次也是多元的。正是这种多内容、多层次的目标共同构成了个体的目标体系。

首先,目标具有多元的内容。目标内容的多元性,也就是目标内容的多样性。通常说来,人们的目标内容都是多种多样的。以一个在校的男大学生为例,他在进入大学的第一天就列出了在大学期间企图实现的种种梦想(其实这就是“目的”)——我想谈一场轰轰烈烈的恋爱、我要通过国家英语六级考试、我要选修双学位课程、我要拿到汽车驾照、我要争取一次在社会上兼职工作的经验、我要结交40位以上的朋友、我要参加两个学生社团的工作等等。对于一个老师来说,他的目标内容也是多元的,如想在学校规定的核心期刊上发表一定数量要求的论文、想编著一定字数的书籍、想完成一定的科研课题、要指导学生从事一定的社会服务工作、还要担任一定的教学工作等等。每一个行业的从业人员同样都拥有多元目标内容,只是具体细节有所差别而已。

其次,目标具有多元的层次。同一内容的目标,往往可以分为不同的层次,这不同层次的分目标综合起来又构成完整的目标。如,大学生恋爱目标对象就可以分为“扫描取样目标群体”“初步交往目标群体”“深度交往目标群体”等层次。有关目标的层次及分解,在“目标的分解”一章中会作进一步介绍。

三、目标的“‘舍’‘得’原则”

目标的取舍,又可称为目标的锁定。

目标的取舍就是对目标的多元内容进行选择,在一定时期内,确定哪些目标先完成、哪些目标后完成、哪些目标需要加速、哪些目标暂时停顿、哪些目标必须放弃。目标取舍的必要性,其心理学理论基础就是“注意”的集中性与“注意”的分配规律。对于不太熟练的事情或目标,人们很难把“注意”在它们之间同时进行分配。简单地说,就是人们不能在同一时间做两件都不熟悉的事情。

但是,面对如此众多的具有不同内容的目标,我们该如何选择呢?

常言道:“选择”等于“放弃”。“选择”就是“选取”“取得”,简言之,就是“得”。“放弃”就是“舍弃”。简言之,就是“舍”。所以,目标的取舍原则就可缩写为目标的“‘舍’‘得’原则”

目标的“‘舍’‘得’原则”内容为:舍得舍得,有舍有得;最紧迫的而且最重要的目标是首选目标、第一目标;其他目标相对于“第一目标”而言,都属于未激活的“零状态目标”或“零目标”。参见表15。

表15 “舍”“得”原则表

最迫切的目标最重要的目标(第一目标)	不迫切的目标很重要的目标(零目标)
很迫切的目标不重要的目标(零目标)	不迫切的目标不重要的目标(零目标)

从表15可以看出,“舍”“得”原则的最关键部分就是强调抓好一个目标,即第一目标。事实上,由于时间、精力以及人的心理规律等特征,我们通常在一个时间只能做一件事情,完成一个目标。

第二节　化校训为目标

截至2023年6月15日,在中国内地,有普通高校2 820所,在校大学生超过4 430万人。而美国高校在1996年就已达到3 638所,在校生人数增至 1 436 万人,大学生占适龄人口比例为 55.2%。

不论是在美国,还是在中国,每所高校都很注重本校的文化建设。其中一个最有特色的就是各校校训的设置。所谓校训,最早是指学校校长讲话中的关键词语,因为既有底蕴又有实效,所以被一代又一代的教师和学生传递下去,时间长了,就成了约定俗成的话语,即校训。校训既能用来激励和劝勉教师和学生,同时也能体现学校的办学原则与目标。这些办学目标,也正是学校培养学生的要求。透过各校校训,我们可以看到学校对学生设立的宏观奋斗目标。下面以具体例子来阐述。

清华校训:自强不息,厚德载物

"自强不息""厚德载物"出自《周易》:"天行健,君子以自强不息"(乾卦)、"地势坤,君子以厚德载物"(坤卦)。其含义是:天(即自然)的运动刚强劲健,相应于此,君子应刚毅坚卓,奋发图强;大地的气势厚实和顺,君子应增厚美德,容载万物。

早在 1911 年,清华学堂初创时就提出"以进德修业、自强不息为教育之方针"(《清华学堂章程》)。1914 年,著名学者梁启超在清华做了以《君子》为题的讲演,用"自强不息""厚德载物"勉励学生,后被铸入校徽,高悬于大礼堂的上方,成为师生共同遵守的校训。

"自强不息,厚德载物"既是一种精神,又是一种奋斗的目标。它激励以此为校训的学子争做一个高尚的人,在气节、操守、品德、治学等方面都不屈不挠,战胜自我,永远向上,力争在事业与品行两个方面都达到最高境界。在做人做事方面顺应自然,胸怀博大,宽以待人,承担起宏伟的历史任务。

北大校训:勤奋、严谨、求实、创新;爱国、民主、科学、进步;思想自由、兼容并包

对于北大的校训,目前版本很多。如早期校训"循思想自由原则,取兼容并包之义",它是由在 1917 年出任校长的蔡元培提出的;现在的校训"爱国、民主、科学、进步",是 1998 年百年校庆时江泽民的题词。

前者主要反映出“学术自由，兼容并包”的北大学术精神。后者属于北京大学校训的最流行版，反映的是北大传统。另外，北京大学校训还有较权威而且较正式版：博学审问，慎思明辨。也有人把“勤奋、严谨、求实、创新”的北大学风作为北京大学的校训。

其实，上述内容都是北大精神的反映，培养具有上述精神的学子才是核心的内容。

南开校训：允公允能，日新月异

南开校训是1934年由南开创办人、校长张伯苓正式提出的，至今已有70年了。

“允公允能”这种话语形式，语本《诗经·鲁颂·泮水》：“允文允武，昭假烈祖。”允，即文言文首助词。允公允能，意即既有公德，又有能力，德才兼备。张伯苓本意是，要使南开学生具有“爱国爱群之公德，与夫服务社会之能力”。“日新月异”，语本《礼记·大学》：“汤之盘铭曰：‘苟日新，日日新，又日新’”。意即与时俱进，每天每月都有新的变化，形容进步、发展很快。

“公能”校训，也是张伯苓关于“以教育力量使中国现代化”思想的集中体现。他在一次全校学生集会上明确提出：“允公，是大公，而不是小公。小公只不过是本位主义而已，算不得什么公了。只有允公，才能高瞻远瞩，正己教人，发扬集体的爱国思想，消灭自私的本位主义。”“允能，就是要做到最能。能建设现代化国家，要有现代化的才能。而南开学校的教育目的，就在于培养具有现代化才能的学生，不仅要求具备现代化的理论才能，而且要具有实际工作的能力。”他还说：“日新月异，就是每个人不但要能接受新事物，而且还要能成为新事物的创始者；不但要赶上新时代，而且还要能走在时代的前列。”

天大校训：实事求是

天津大学的校训为“实事求是”，由建校初期北洋大学原校长、著名法学家赵天麟首倡并承继至今。赵天麟任校长期间（1914—1920）总结北洋大学近二十年办学经验，概括出“实事求是”四个字，以之教导学生遂成为校训,一直沿袭至今。

“实事求是”一词出于《汉书·河间献王刘》,文中说刘德“修古好学,实事求是”。后被人们沿传引申,毛泽东也曾在《改造我们的学习》中作过这样的论述:“‘实事’,就是客观存在的一些事物,‘是’,就是客观事物的内部联系,即规律性,‘求’,就是我们去研究。”赵天麟以这四个字首倡于北洋大学。以实事求是的精神,对待科学技术知识,端正学风。对昔日的北洋大学和今天的天津大学在治学、育人诸方面都起到积极作用,产生了深远影响。把自己培养成为实事求是的人才也成了天大乃至很多高校学生的个人目标。

复旦校训:博学而笃志,切问而近思

复旦校训来自民国时的教育家、复旦老校长李登辉(1873—1947)。老校长李登辉早年留学美国,1899年获得耶鲁大学文学学位。1913年1月,李登辉在马相伯等人的推荐下,出任复旦校长。此前的复旦,校基未固,复旦的吴淞6年时间(1905—1911)里,即更换了5位校长(依次为马相伯、严复、夏敬观、高凤谦、马相伯),校训之事根本无暇考虑。留学耶鲁的背景,自然而然影响老校长李登辉把耶鲁大学的办学理念、管理方式和人文精神引入自己的教育实践。

出任复旦校长后,李登辉校长依托校董会,打算募款在郊区购地,筹建永久校园。1915年,适逢复旦建校10周年,李登辉校长参照美国名校制度,为复旦规定了校训、校标(徽)等。“博学而笃志,切问而近思”的校训就是在此时,由国文部的教师从《论语》中挑出来的。

熟悉儒家经典的人都知道,复旦“博学而笃志,切问而近思”的校训源于《论语·子张》节,原文是:“子夏曰:‘博学而笃志,切问而近思,仁在其中矣。’”此句和《中庸》中的“博学之,审问之,慎思之,明辨之,笃行之”互为发挥,讲的是儒家增进学业,修养人格的功夫。将其选择为复旦的校训,不仅说明复旦师生对传统文化的认可与坚守,更说明传统文化有它历久弥新的魅力。一直到现在,人们都可以从不同角度解释“博学而笃志,切问而近思”对中国读书人的意义。今人南怀谨在

《论语别裁》中就说:“……博学不一定有用,博学要笃志,有一个中心,意志坚定,建立人品,那么知识渊博,有如一颗好的种子,意志的坚定是肥料,培养出花和果来。”“近思有两个意义,一个是思想要有中心,一个是不要想得太虚玄太高远,要切近的切实的思想。”新近的解释还有“勉励学子在科学突飞猛进的今日世界,研究学识的步骤,必须由通才而转向专才,博学是从各方面广博地去学习,以开拓知识的范围,笃志是向远处、大处立志向,立了志向,就要坚定不移,切问是切切实实地问,近思是由近及远地想”。

1995 年,复旦大学 90 年校庆建了校训墙,以给学生更多的激励。成长为一个“博学而笃志,切问而近思”的人,不仅是复旦学子的目标,也是众多其他高校学子所孜孜追求的。

中国科大校训:红专并进,理实交融

科大的校训源于郭沫若。中国科学院院长郭沫若在 1959 年的开学典礼上,以《勤奋学习,红专并进,团结互助》为题做了长篇讲话,诞生了这个校训。

成为一名又红又专、注重理论与实际相结合的人才,不仅是 20 世纪 50 年代对学生的要求,也是当代高校对学生的培养目的。

武大校训:自强、弘毅、求是、拓新

1993 年,武汉大学在新年第一次校务委员会上审议通过了武汉大学新校训“自强、弘毅、求是、拓新”,目的在于继承和发扬武大的光荣传统与优良校风,激励全校师生员工不断焕发精神,刻苦学习,严谨治学,开拓创新,奋发进取。此新校训是在广泛征求各方面意见的基础上提出的。

“自强”语出《周易》“天行健、君子以自强不息”。意为自尊自重,不断自力图强,奋发向上。自强是中华民族的传统美德,成就事业当以此为训。武大最早前身为“自强学堂”,其名也取此意。

“弘毅”出自《论语》“士不可以不弘毅,任重而道远”一语。意谓抱负远大,坚强刚毅。武大 30 年代校训“明诚弘毅”就含此一词。

用“自强”“弘毅”，既概括了上述含义，又体现了武大的历史纵深与校风延续。

“求是”即为博学求知，努力探索规律，追求真理。语出《汉书》“修学好古，实事求是”。

“拓新”，意为开拓、创新，不断进取。

概言之，武大新校训的整体含义是：继承和发扬中华民族自强不息的伟大精神，树立为国家的繁荣昌盛刻苦学习、积极奉献的伟大志向，以坚毅刚强的品格和科学严谨的治学态度，努力探求事物发展的客观规律，开创新局面，取得新成绩，办好社会主义的武汉大学，不断为国家做出新贡献。武大校训成了武大学生的成才目标。

南京大学校训：诚朴雄伟，励学敦行

南大最早的雏形是两江师范，学堂监督李瑞清提出了“嚼得菜根，做得大事”的校训，倡导俭朴、勤奋。直到2002年，南京大学喜庆百年华诞，才决定新的校训为“诚朴雄伟，励学敦行”。注重俭朴的传统、培养学行结合的品格也是学子们选择人生目标时值得参考的。

中山大学校训：博学、审问、慎思、明辨、笃行

中山大学校训是孙中山先生于1924年11月11日在广东大学举行成立典礼时亲笔题写的校训词“博学、审问、慎思、明辨、笃行”。

十字训词原文出自儒家经书《中庸》。《中庸》第十九章说：“博学之，审问之，慎思之，明辨之，笃行之。”按《中庸》原意是指人具有“诚”之本性，只要按“至诚”之本性从事修身，透过学、问、思、辨、行五个环节，便可以把自己修养成“君子”。

十字训词是孙中山继承传统的教育形式而赋予时代的、革命的、新的教育方针和内容。可以说是近代思想创新的里程碑。

首先，孙中山把博学、审问、慎思、明辨和笃行五者作为有机统一体给予新释。他所指的“博学”是指学生要学习“古今中外的知识”，包括自然和社会科学乃至社会实践。更值得重视的是，孙中山的“博学”而识，是要把学生培养成具有远大志向而又有广大文化知识的人才。

其次，孙中山反对死读书的方法，强调独立思考。他告诫青年，学、问、思、辨的关键在于独立思考，学科学、发展科学，首要在于要明白任何科学的创造发明，不是靠书本知识，而是由于科学家长期考察所得。可见孙中山的问、思、辨是指人的学习认识方法，把“观察”和“判断”这两种近代科学思维方法运用到教学方法上，这显然也是创新的方法。

第三，孙中山把古代“笃行”发展为社会实践。

孙中山认为，创办教育是为了造就建设人才。广东不仅要有一个岭南大学，而且必须要有几十个岭南大学，“中国必须要有几百个岭南大学，造成几十万、几百万大学生，但是学生学业成就之后，要专心做一件事，帮助国家变成富强”。这是学生的责任，到社会去发展聪明才智。

由此可见，孙中山把造就振兴中华置于自己肩上的学校作为“好学校”。把学生培养成具有为人民、为国家、为社会服务崇高理想的人，育的是合格人才，这对于在校大学生去界定自己的人生目标来说，显然具有启示的意义。

另外，国内各著名高校都有自己的校训。如浙江大学校训“求是”、北师大校训“学为人师，行为世范”、上海交大校训“饮水思源，爱国荣校”等等。在国外，高校也同样拥有自己的校训，如哈佛“与真理为友”、耶鲁大学“真理与光明”、普林斯顿大学“为国家服务，为世界服务”、麻省理工大学“既学会动脑，也学会动手”、斯坦福大学“愿学术自由之风劲吹”、加利福尼亚理工大学“真理使人自由”、芝加哥大学“让知识充实你的人生”、加利福尼亚大学伯克利分校“愿知识之光普照大地”、宾夕法尼亚大学“毫无特性的学习将一事无成”、早稻田大学“学问独立，培养模范国民”，等等。

校训是一种无形的力量，对于造就和培养学者和学人有不可估量的重要作用。透过每所高校的精辟校训，为人们选择自己的奋斗目标提供了一个很好的参考途径。

第三节 目标选择原则

就在校大学生而言,他们的目标选择主要可以分为四大类,因此又可简称为大学生的四大选择:书本的选择、同性的选择、异性的选择与职业的选择。

一、书本的选择

对大学生而言,首要的任务毫无疑问仍然是学习。学生,以学习为本。而学习得以进行的载体就是书本,正是不同书本才使原来站在同一起跑线上的大学生走得相距越来越远。

赵明与韩玮,高中同座的同学,两人以差不多的成绩同时进入某重点大学学习。入学后,赵明学习的是建筑工程专业,而韩玮学习的法学专业。在四年的大学生活中,赵明日常接触的专业书本都是《理论力学》《工程力学》《机械设计》等,而韩玮日常接触的专业书本则是《民法》《刑法》《国际法》等。在图书馆,他们借阅的书本也基本上是与自己专业相关的。正是各自对不同书本的选择,才使人分别沿着工程师与律师的道路前进着。

书本的选择,最终造就了不同的专业人才。

二、同性的选择

在现今的各种成功学教科书中,常常可以看到这样一句话:一个人要获得事业的成功,85%在于做人,15%在于做事;或者提出所谓的“八十/二十定律”(即80%在于做人,20%在于做事);甚至有人认为95%在于做人,5%在于做事,等等。不管是那种比例,但有一点可以肯定的是,“做人”比“做事”在成就事业的过程中作用更加重要。

“做人”的关键体现在与人交往,与人交往主要表现在两方面:一是与同性交往,二是与异性交往。不论是与同性交往,还是与异性交往,其本质都在于选择怎样的同性交往对象或异性交往对象。具体说来，对男性而言，就是要选择好与自己能相互促进的男性为友。对女性而言，则是要选择好与自己能互助互益的女性为友。忽视同性选择，将使个人生活空间变得极其狭窄，信息更新缓慢，发展机会锐减。

同性的选择，最终编织了各自的友谊网络。

三、异性的选择

做人，不仅需要选择好同性朋友，选择好异性朋友也是至关重要的。

异性的选择，即对异性朋友的选择。异性朋友包含两层含义：一是指狭义的异性朋友，也就是恋人；二是指广义的异性朋友，也就是与具体个体性别相反的人群。

论及"做人"，之所以把它分成同性选择与异性选择两大类，是因为不同性别者在人格等方面的差异很大。选择好适宜的恋人以及其他异性朋友，对于弥补个体的性格缺陷，确定未来的奋斗目标具有指导作用。

异性的选择，最终派生了校园的浪漫故事。

四、职业的选择

职业的选择，最早萌芽于个体的兴趣。常言道："兴趣是最好的老师。"大学生在确立未来的职业时，除了要考虑社会的需求外，最重要的还是要求个人从自身的兴趣爱好等出发。面对人类赖以生存的千万类职业，科学选择有助于个体职业的成功。

职业的选择，最终补充和维持着社会大机器的正常运转。

成功心理行为训练（5）：今年十件事

"今年十件事"的团体行为训练活动主要用于个体对自己的需求和目的进行自由展示，一方面促进自己对未来生活的计划性，另一方面增强行为活动的有效性。"今年十件事"行为训练活动开展的程序为：

1. 活动以团体行为训练进行为宜。整个团体为 80～120 人，实际人数视具体情况而定。

2. 把整个团体按 8～10 人分为一组。如把 100 人分成 10 组，每组 10 人。

3. 在各个小组中自荐或他荐产生一名小组长，由小组长负责主持本小组的活动。

4. 小组成员固定，属于封闭型团体。

5. 每一个成员列举出自己的 10 项事件，并围绕这些事件写出成功完成各事的意义，并记录在纸上，时间大约为 8 分钟。

6. 每一个成员利用 3 分钟的时间把自己列举的事件及其意义进行简单描述。

7. 小组长对所有成员的描述进行总结。

小组成员每人说一句关于目标选择的话，结束此次团体活动。

第六章　目标的分解

在上一章中,介绍了目标选择的内容。在对一定时期的目标选择好之后,紧接着需要完成的事就是对有关目标进行分解。目标的分解,就是把一个总的目标分成各个小目标,然后从各个小目标入手,逐个地或分阶段地去完成。本章内容主要介绍目标分解的有关理论与方法。

第一节　做剥洋葱的能手

我们很多人都曾有过剥洋葱的经历,一个完整的洋葱,我们按照从外向内的顺序,逐层逐层地把洋葱一瓣一瓣地分解开来。一个人对目标进行的分解过程,正好与人们剥洋葱过程类似,这也就是把"目标的分解"形象地称之为"做剥洋葱的能手"。

目标分解包括:"目标内容分解""目标范围分解""目标顺序分解""目标时间分解""目标性质分解"等。本节主要就"目标内容分解""目标范围分解"与"目标时间分解"分别进行介绍。

一、目标内容分解

目标内容分解,就是从目标的内容这个维度上对目标进行分解。在上一章中所论及的"大学生的四大目标选择",实质就是对大学生的目标从内容上所做的一个初级分解。在初级分解的基础上,还可以进一步进行多级分解。如,大学生的"书本选择"目标可以继续按文科、理科、医科以及娱乐等内容分解，“同性选择”目标可以按“老乡”“同学”“老师”以及“其他朋友”等内容分解。

从内容入手，对目标进行分解，有助于深化自己对宏观目标的认识，增强行动的可操作性。

二、目标范围分解

目标范围分解，就是从目标的范围这个维度上对目标进行分解。目标范围分解过程，实质上就是缩小目标范围的过程。从而使一个涵盖范围广泛的目标逐步转化成范围更加狭小的目标。如，在完成“搜索论文资料”这个目标时，就可以把此目标分解为“到图书馆杂志阅览室搜索”“到图书馆书籍阅览室搜索”“登陆中国期刊镜像数据库(CNKI)搜索”“登陆万方数据库搜索”“登陆维普数据库搜索”等等。通过对目标的范围进行分解缩小，就可以使目标更加明确，行动更有效力。

三、目标顺序分解

目标顺序分解，就是从实现目标的顺序这个维度上对目标进行分解。任何一个目标的实现最终都要通过一系列的更小目标才能达到。而这一系列的小目标之间不是杂乱无章的，而是有一定顺序的。在分解目标时，很有必要对目标的顺序进行细分，这样才能确保高效快速地使目的得以实现。如，要完成“恋爱”目标，就可以把“恋爱”目标分解为“接触异性”“广泛取样”“重点筛选”“集中聚焦”“订婚制约”等顺序目标。通过上述目标的顺序分解，就可以使人们科学实施恋爱行为，达到恋爱目标。

四、目标综合分解

目标综合分解，就是综合各种目标分解的方法对目标进行分解。其中包括“目标内容分解”“目标范围分解”“目标顺序分解”“目标时间分解”“目标性质分解”等各种方法的综合使用。如，我们可以首先使用“目标内容分解”的方法进行目标分解，然后采用“目标顺序分解”的方法对各个子目标进行排序，形成“目标内容分解 + 目标顺序分解”的综合法。还可以进一步加入“目标时间分解”法，构成“目标内容分解 + 目标顺序分解+目标时间分解”三合一综合法。

目标分解，方法多样。但不论使用什么方法，其宗旨都是共同的：前进方向更明确，操作行动更有力。

第二节 三步走，四步行

在上一节中，主要介绍了“目标内容分解”“目标范围分解”“目标顺序分解”以及“目标综合分解”的内容，对于“目标时间分解”还没有阐述。本节将对“目标时间分解”进行介绍。

目标时间分解，就是从实现目标的时间这个维度上对目标进行分解。任何目标的实现，最终都要通过给各个子目标分配合理的时间，才能从根本上保证目标的实现，这种从时间维度上来分解目标，就构成了目标时间分解的实质内容。

通常情况下，目标时间分解的方法与目标顺序分解的方法联系密切。这两种方法综合使用的实例很多，使用非常广泛，下面略举几例。

例一：奋斗三个九年，跻身世界一流

2003 年 3 月 29 日，清华大学在举办“一流大学建设的理论与实践学术研讨会”中，清华大学校长王大中介绍了清华大学建设世界一流大学的时间表：按照该校“三个九年，分三步走”的总体发展规划，该校将在 2011 年力争跻身世界一流大学行列，2020 年总体建成世界一流大学。

事实上，清华大学早在 1985 年就提出逐步把清华大学建设成为世界一流的具有中国特色的社会主义大学。1993 年，清华大学提出有限期的创建世界一流大学的奋斗目标，提出建设综合性、研究型、开放式的世界一流大学的总体办学思路。按照学校拟订的“三步走”总体发展规划，第一个九年，1994～2002年，调整结构，奠定基础，初步实现向综合性研究型大学的过渡，这一目标已顺利实现；第二个九年，2003～2011年，重点突破，跨越发展，力争跻身于世界一流大学行列；第三个九年，2012～2020年，全面提高，协调发展，努力在总体上建成世界一流大学。

从“非世界一流大学”的起点到实现“世界一流大学”的目标，重要的是必须进行科学的目标时间分解。通过对目标在时间维度上的科学分解，从而为目标分阶段地实现而奠定基础。如清华大学在1994～2002年的第一个九年中，就是根据“综合性、研究型、开放式”的大的办学思路，推进了学校的发展，并且通过九年的建设，奠定了基础。具体体现是：第一个九年后，清华大学首先在总体上基本实现了综合性的学科布局；第二，学校的科研实力、研究生的比例都在增加，清华大学完成了向研究型大学的过渡；第三，通过社会服务、产学研的结合，与地区的和国家的经济建设的结合，展现了大学开放式的势态。宏观目标正是通过这种阶段性的成果逐步变成现实。

例二：从“新三步走”到“两个一百年”的“两步走’”

中国共产党先后在党的十三大（1987年）与党的十五大（1997年）分别提出了“三步走”发展战略与“新三步走”发展战略。其中“新三步走”发展战略是：第一步（大约十年），实现国民生产总值比2000年翻一番，使人民的小康生活更加宽裕，形成比较完善的社会主义市场经济体制；第二步（再经过十年，到建党一百年时），使国民经济更加发展，各项制度更加完善；第三步（到21世纪中叶建国一百年时），基本实现现代化，建成富强民主文明的社会主义国家。

党的十八大（2012年）提出全面建成小康社会的奋斗目标，提出了“两个一百年”奋斗目标。党的十八届一中全会的讲话明确了“两个一百年”的奋斗目标为：到中国共产党成立一百年时全面建成小康社会；到新中国成立一百年时建成富强民主文明和谐的社会主义现代化国家。

党的十九大(2017 年)对"两个一百年"做了进一步细化,作出了"从全面建成小康社会到基本实现现代化,再到全面建成社会主义现代化强国"的"两步走"战略安排:第一步(第一个阶段),从 2020 年到 2035 年,在全面建成小康社会的基础上,再奋斗十五年,基本实现社会主义现代化;第二步(第二个阶段),从 2035 年到本世纪中叶,在基本实现现代化的基础上,再奋斗十五年,把我国建成富强民主文明和谐美丽的社会主义现代化强国。

例三:载人航天三步实施计划

2022 年 9 月 21 日,是中国载人航天工程立项与实施整整 30 周年(1992—2022 年)。30 年的奋斗历程,成功完成了中国载人航天工程立项时制定的"三步走"发展战略。

第一步,发射无人和载人飞船,用载人飞船将航天员安全地送入近地轨道,并安全返回地面。1999 年 11 月 20 日神舟一号发射成功、2003 年 10 月 16 日神舟五号顺利回收与 2005 年 10 月 17 日神舟六号成功着陆,标志着载人航天工程第一步计划的成功完成。

第二步,实现航天员太空出舱行走,发射空间实验室和货运飞船,完成空间交会对接。这一步已分别在 2008 年至 2017 年完成。具体标志为:2008 年神舟七号载人飞船航天员翟志刚完成中国人的首次空间出舱活动;2011 年先发射天宫一号目标飞行器,随后在 2011 年至 2013 年陆续发射神舟八号、九号、十号飞船与之分别对接;2016 年发射了天宫二号空间实验室,随后先后发射神舟十一号载人飞船(2016 年)和天舟一号货运飞船(2017 年)与之分别成功对接。

第三步,建成大型长期有人照看的空间站。具体标志为:2021 年先后发射了天和核心舱和天舟货运飞船、神舟载人飞船各两艘;2022 年成功发射了问天实验舱与梦天实验舱,两个实验舱与天和核心舱形成"T"字基本构型,建成国家太空实验室;2023 年 10 月 26 日最近成功发射的神舟十七号载人飞船航天员,不仅是国家太空实验室的照看者,而且还将首次执行空间站"维修"的任务。

例四:天津大学心理研究所"四步"发展计划

由于中国特殊的教育背景,在诸如天津大学一类的国家重点理工科院校中,心理学学科发展都相对薄弱。为了在天津大学发展心理学科,该校有关心理学工作者提出了"四步"发展计划:第一步,成立心理研究所;第二步,申请建立心理学硕士点;第三步,开展心理学本科教学;第四步,申请建立心理学博士点。经过精心的筹备,七易其稿,终于完成了一份申请成立天津大学心理研究所的报告。2003 年 12 月 4 日,此报告递交到了天津大学校长办公会,并获得校长办公会讨论通过,天津大学心理研究所于 2003 年 12 月 18 日正式成立。天津大学心理研究所的成立,标志着天津大学在心理学的学科发展方面终于迈出了重要的第一步。2005 年,该所在全国第十届硕士博士学位授予权的申报中成功获批应用心理学专业硕士授予权,天津大学心理研究所"四步"发展规划的第二步获得突破。2007 年 9 月,天津大学迎来了建校以来的第一批应用心理学专业的硕士研究生。但开设本科生心理学专业只有在以后条件成熟的基础上才可能成为现实。创建天津大学心理学博士点则是天津大学心理研究所的最终目标。

模糊的目标时间分解法,常用于高难度的目标分解。它不仅常见于组织目标的分解,在个体行为目标的分解中也是屡见不鲜。模糊的目标时间分解法,类似于一般的目标顺序分解法。

第三节　是雪还是铁

某夜,天津市下起了一场大雪,清晨起来,地上的雪已经积了厚厚的一层,整个地面白茫茫的一片。直到第二天,大雪还在纷纷下个不停。

在一家小院里,我们看到了另外一个忙碌的景象,两位大人(可能是父母)带着他们的一个年龄很小的孩子正在扫雪,他们有说有笑,快快乐乐,大人们把雪一锹一锹地铲起来,并集中成了一个大雪堆。小孩则用带着手套的小手一把一把地抓起积雪，然后往雪堆上送，不到一个时辰，小院里的雪就打扫得干干净净。大人们收拾好雪铲，小孩依旧在雪堆边玩耍……

这种扫雪情景，几乎人们都曾见过。但从中使人联想起一件事情：飘飘洒洒降落在我们面前的一片雪，不论它有100公斤，还是500公斤，也不论它有1吨，还是100吨，只要我们一锹一锹地铲，哪怕像小孩一样用手一把一把地抓，那雪还是能被移走的。

但如果飘落在我们面前的是一块100吨或1吨的铁，即使重量只有500公斤抑或是100公斤，也是难以移动的。这是因为整块的铁不能像雪一样轻易分解。

在个体目标的分解过程中，我们有时候也会遇到类似于上述的情况，这就需要我们去预先分析摆在我们面前的目标是“雪”还是“铁”。

这也提示我们，有的目标是容易分解的，有的目标是不容易分解的，还有的目标几乎是不能分解的。面对难以分解的目标，我们需要做的事情主要有两项：一是审视与反省这个目标对自己的适合性；二是如何创造条件转变状态，对铁块“化整为零”。

如果是当前目标选择不适合，就应该找出原因，及时做出结论，必要时应果断地放弃。

如果是当前条件不允许，就应该创造条件，如通过“加高温强热”或“加催化剂”等，在特殊状态下，把“铁”分解。也就是说，在目标的分解过程中，有时我们也可能需要借助于外界的力量，在他人或其他外部力量的帮助下，才能切实有效地把目标进行分解。

然而，在生活中，我们还会遇到一种情景，那就是“看似一块铁，实为一堆雪”。就像在黑夜之中，背景不明，分辨不清而已。其实，只要借助于一点光明，就能看出事物的本质。

郇播，一位大四男生，瘦瘦的个儿，大大的眼睛，出口之乎者也，全身散发出书生意气，唯独行动畏畏缩缩。多少事情敢想不敢行，多少情感的机会在犹豫之中从他的眼前溜走。有一天，郇播到一所大学做一项社会调查,在对一女生做了一项调查后,彼此又交谈了几分钟,邬播心中突然产生一种感觉,她似乎就是自己一直在寻觅的梦中女孩。但是,邬播又认为马上与她谈恋爱她会同意吗?邬播还在犹豫之时,那女孩已经从他身边走出十几米的距离了,而且还在越走越远……邬播思想斗争得越来越激烈,"去问一下她是几班的","算了吧"……邬播目不转睛地看着那女孩的身影渐渐地从他的视野中消失。当天晚上,邬播为此失眠了。而且几周后,邬播在谈话中还常常提到那位不知名儿的女孩。

这也许是比较典型的"视雪为铁"现象。面对生活中的种种目标,我们要避免"视雪为铁"的假象,这样才能不失去学业、爱情和事业的良机。

成功心理行为训练(6):假想人生图

"假想人生图"的团体行为训练活动主要用于个体对自己未来的目的进行分类分解,透过假想人生图,可以使个体对自己的目标分成各个具体的阶段,使模糊目标明确化。"假想人生图"行为训练活动开展的程序为:

1. 活动以团体行为训练进行为宜。整个团体为 80 ~ 120 人,实际人数视具体情况而定。

2. 把整个团体按 8 ~ 10 人分为一组。如把 100 人分成 10 组,每组 10 人。

3. 在各个小组中自荐或他荐产生一名小组长,由小组长负责主持本小组的活动。

4. 小组成员固定,属于封闭型团体。

5. 每一个成员填写好自己现在的实际年龄,并给自己预想一个假设的人生最终年龄。同时,把自己在这两个年龄点之间的学习、工作与生活等重大事件在实现时间方面做一个粗略的描述。时间大约为 8 分钟。

6. 每一个成员利用3分钟的时间把自己列举的事件及其实现时间进行简单描述。

7. 小组长对所有成员的描述进行总结。

小组成员每人说一句关于目标分解的话，结束此次团体活动。

第七章　目标的设置

第一节　目标设置概述

目标的设置(goal setting)就是个人计划的正式过程(a formal process for personal planning)。通过设置建立在日常生活基础上的目标(goals on a routine basis),就可以决定一个人想实现的事情,然后朝着要实现的这些目标一步一步地移动(move step-by-step)。设置目标(setting goals and targets)的过程让人们在生活中选择自己想去的地方。通过准确地知道你想实现的东西,你就可以知道哪些事情是你不得不集中精力去做的,也可以知道哪些事情仅仅是一种干扰(a distraction)。

目标的设置是常用于高水平运动员、成功的商人和所有领域的成功者的标准技术(a standard technique)。目标的设置给人长远的视角(long-term vision)和短期的动机(short-term motivation),它把一个人获得的知识进行聚焦,而且帮助人组织好自己的资源(organize your resources)。

通过把那些含义明确、内容清晰的目标设置好,人们就能准确测量到那些目标的取得进展的成绩,并且可为此感到自豪。目标设置得好,就能从那些原来看起来似乎是一场长久的无意义折磨中发现可以迅速取得成绩。

通过设置好目标，也会提高人们的自信（raise self-confidence）。因为在实现了原来设置的目标中，人们认识到了自己的能力（ability and competence）。实现目标和看到成绩的过程给予了人们信心，这个信心又能使人去达到更高更困难的目标。

目标可以在很多不同水平上设置。第一，你决定想处理好生活中的什么事，而且你想实现这些大规模目标达到什么程度。第二，你把这些目标分解成越来越小的、你肯定能完成的目标（break these down into the smaller and smaller targets that you must hit），以便你实现终身的目标。最后，一旦有了计划，就要开始工作去实现它。这一点涉及行动力的内容，详细内容参见第十章。

目标的设置从你的终身目标开始，然后依照一系列较低层次计划来工作，这些较低层次计划最终体现在日常行为的明细表中。通过设置这些计划结构，你甚至能把最大的生活目标（the biggest life goal）分解成每天需要做的大量小任务（a number of small tasks），以便达到终身目标。

设置个人目标的第一步就是考虑好你一生中想实现的东西（what you want to achieve in your lifetime）。因为设置终身目标给了你一个总的视角，这个总视角形成了你所有其他方面的决策。

尽力按下列部分或全部类别来设置目标。此类别包括艺术性（Artistic）、态度（Attitude）、职业（Career）、教育（Education）、家庭（Family）、财政（Financial）、身体（Physical）、快乐（Pleasure：）、公共事务（Public Service）。一旦按这些类别决定你的目标后，就按优先顺序对它们从 A 到 F 进行排列。

然后在复习这些目标，并重排优先顺序，直到你自己满意为止。注意确保这些设置的目标是你自己想实现的，而不是你的父母、爱人、家庭或雇主想要你达到的。

一旦设置好了终身目标，就可以设置一个 25 年计划（a 25 year plan）的较小目标，这些小目标是你实现终身目标必须完成的。然后再设置更小的5年计划(a 5 year plan)、1年计划(1 year plan)、半年计划(6 month plan)、一个月计划(1 month plan),以确保终身目标的实现。

最后,设置一个每日应做事件清单(daily to-do list),你应该今天就去做,以便你终身目标的实现。

有效地设置目标的原则:一是"把每个目标陈述为一个积极叙述"(State each goal as a positive statement),二是"注意精确"(Be precise),三是"设置优先顺序"(Set priorities),四是"记下目标"(Write goals down),五是"使操作目标保持小且可以实现"(Keep operational goals small and achievable),六是"设置成绩目标,不是结果目标"(Set performance goals, not outcome goals),七是"设置现实主义目标"(Set realistic goals),八是"不把目标设置得太低"(Do not set goals too low)。

"目标的设置"不同于"目标的分解",但彼此又有紧密的联系。目标设置是在目标分解的基础上进行的,也可以说,目标设置就是确保目标分解得更有效。目标的设置也可以说是可操作的目标分解。

第二节　跳起来摸得着

"跳起来摸得着"是一种形象的说法,其实质含义是强调在设置人生各种目标时,应该把自己的目标设置得稍微比自己的能力高一点。就像跳高一样,在设置高度时应该从自己的实际情况出发,确保能"跳起来通得过"。

朱建华,1963年4月1日生。中国男子跳高运动员。

1983年6月11日第五届全国运动会田径预选赛时,朱建华曾以2.37米打破男子跳高世界纪录。

1984年6月10日,在联邦德国举行的跳高比赛中,以2.39米打破男子跳高世界纪录。这是他在12个月内第3次打破世界纪录。

他从1983年月的第五届全运会预赛到1984年6月的德国埃伯斯塔特,曾3次打破跳高世界纪录。而洛杉矶奥运会男子跳高冠军成绩是2.35米,跟朱建华保持的2.39米的世界纪录有相当差距。即使在20年后的雅典奥运(2004年),男子跳高冠军也只跳过2.36米。然而,在1984年的第23届洛杉矶奥运会上,朱建华仅以2.31米获男子跳高铜牌。

目前男女跳高世界纪录分别达到了2.45米和2.09米,它们分别是由古巴运动员索托马约尔和保加利亚运动员科斯塔迪诺娃创造的。近30年来最好成绩男子保持在2.37~2.44米,女子前十名平均成绩在1.97米与2.00米之间。

跳起来通得过,不仅在跳高方面表现得十分明显,更重要的还在于它更深刻的引申含义。作为一个大学生来说,要实现自己的人生梦想,完成一个个具体的目标,就要学会按“跳起来摸得着”或“跳起来通得过”的原则来设置目标、合理行动。譬如,新颁布的《大学英语课程要求》将大学英语教学分为三个层次,即一般要求、较高要求和更高要求。其中,一般要求是对高校非英语专业的本科生毕业时所必须达到的要求;较高要求和更高要求,则是为那些英语基础较好、学有余力的学生设置的。而一般要求就是要求学生能听能说4 500个单词、700个词组。另外,听力要求:能听懂英语授课、能听懂日常英语谈话和一般性题材讲座;口语要求:能在学习过程中用英语交流,并能就某一主题进行讨论。当一个大学生在设置英语学习目标时,就应该把这4 500个单词与700个词组合理分解,使自己每天或每周都能取得一定成绩、并有所进步。又如,在新东方背单词的“选书”中,就把单词量分为“大学四级词汇1 830个(中学学过)、大学四级词汇3 027个、大学四级词组1 103个、大学六级词汇1 578个”等几种,对于大学生来说,最重要的词汇就是3 027个四级词汇。对于这3 027个单词的学习计划,新东方背单词划分了两种学习模式,“自由模式”学习与“强制模式”学习。其中,“自由模式”学习的内容为:从abandon,abandoned,ability,able,abnormal,aboard一直到wolf,worm,whisky(第3 027个)。而“强制模式”学习的内容为:把3 027个单词分成各个组,其中有75个组是40

个单词,最后一个组为27个单词。第一组的40个单词为:abandon,abandoned,ability,able,abnormal,aboard,abroad,absence,absent,absolute……最后一组的27个单词为:peach,pear,peasant,penny,pigeon,pink,pint,plant,plantation,pond,pork,port,prince,princess,pub,Roman,Russian,rose,spade,spider,sport,Swiss,zebra,tiger,wolf,worm,whisky。但这种分组是否适合自己,还得根据各自的实际情况来确定。如果一天学习40个单词的计划无法完成,就有必要做相应的调整。调整的范围为:付出一定的努力,而且可以完成。付出一定的努力的过程,就是“跳”的过程。“可以完成”的结果就是“摸得着”的表征。

不跳就可以摸得着的目标,说明目标设置得过低,这不利于发挥个人的潜能,也不利于快速促进个人的成长。

第三节　《今晚报》报头字由来

李夫是天津市《今晚报》的创始人、原总编辑,他的自我总结是前半生给了《天津日报》,把后半生给了《今晚报》。在邓小平同志诞辰100周年之际的2004年,他撰写了一篇回忆邓小平的文章。内容主要是关于如何请邓小平写《今晚报》报头的详细经过。

时间追溯到1984年3月,经过积极筹备,《今晚报》的创办总算是一切就绪,就只欠东风——还没有报头字!

第一,邀请名家

早在1983年12月,李夫参加了在昆明举行的第一次全国晚报经验交流会。会后,集体参观洱海公园,当时李夫迎头看见公园门口高悬一巨幅墨漆金字匾“沧山洱海”。那字原来是中央美术学院原院长吴作人的墨宝。从那闪念中,李夫猛然联想到将来晚报报头,一定邀名家画龙点睛。

第二,从请名家到请小平

李夫围绕今晚报的创建,展开了丰富的联想:如果没有党的十一届三中全会，没有邓小平理论及其提出的路线方针政策，就没有今晚报。所以在物色名家人选的讨论中，李夫和编辑部同仁们一致认为《今晚报》报头，除约我国改革开放、现代化建设总设计师题写，旁人莫属。

第三，怎样才能约来邓小平同志题字

在确定题字人选后，李夫开始思考"怎样才能约来邓小平同志题字"这个目标得以实现的程序。在此之前，李夫在 1978 年、1979 年曾四次采访过邓小平的活动，还在天津迎宾馆和北京人民大会堂两次接受过他的接见并合影留念。

第四，四步走

为了找到邓小平题字，李夫开始了他的四步走计划。第一步：找"石坚"。石坚是天津日报老总编（天津日报是毛泽东主动题词的），同时兼人民日报驻天津记者站负责人。第二步：找"安岗"。李夫与石坚策划先找安岗，因为安岗是人民日报副总编辑。就这样，李夫和石坚一起去北京安岗家。第三步：找"薄老"。请安岗找薄老（薄一波），并给薄老附信：四大晚报题字——《北京晚报》毛泽东，《新民晚报》孙中山，《羊城晚报》叶帅，《今晚报》邓小平？（安岗打电话得知：薄一波不在北京，到上海休养去了。一个月以后，方能回来。）第四步：约"小平"。通过薄老去约小平。一个月后，薄一波说，在他去上海临走之前，就和小平同志说好了，没问题。1984 年 5 月 10 日收到题字，1984 年 7 月 1 日报纸发行。

今晚报的报头题字就是通过"李夫↔石坚↔安岗↔薄老↔小平"这个关系链而顺利得以完成的。

由此可见，"完成《今晚报》报头题字"这个目标的实现，正是通过一个合理的目标分解程序来完成的，其中每一个细小的目标都是切实可行的，而且是完全可以操作的。

成功心理行为训练(7):解剖关系链

“解剖关系链”的团体行为训练活动主要用于个体对自己当前目标进行合理设置,“解剖关系链”行为训练活动开展的程序为:

1. 活动以团体行为训练进行为宜。整个团体为 80 ~ 120 人,实际人数视具体情况而定。

2. 把整个团体按 8 ~ 10 人分为一组。如把 100 人分成 10 组,每组 10 人。

3. 在各个小组中自荐或他荐产生一名小组长,由小组长负责主持本小组的活动。

4. 小组成员固定,属于封闭型团体。

5. 每一个成员在总团体中任意找一位现在还不认识的同学 A(其实这位 A 同学本来就是你“朋友的朋友”),请记下他(她)的名字和性别,当然还要记下自己的性别。然后找出自己与 A 之间的朋友链,并记录所有名字。记录方式如下:

YOU↔X↔Y↔Z↔……↔A

时间大约为 8 分钟。

6. 每一个成员利用 3 分钟的时间把自己的朋友链进行简单描述。

7. 小组长对所有成员的描述进行总结。

小组成员每人说一句关于目标设置的话,结束此次团体活动。

拼搏过程篇

有一首歌，我听过数百次，但百听不厌，它的名字叫“爱拼才会赢”。有一句话，我说过数千次，但千说不烦，它的内容是“人生难得一次搏”。

在成功的征途中，“拼与搏”是保证人们获取成功的必要的心理品质。“拼搏”不是一种构成单一的心理特质，而是一种具有复合内容的心理品质。它主要包括观念正确、行动果断、能力兼备、意志坚强、智勇双全、柔刚兼容等。本篇将用六章的内容对成功的旅途拼搏进行分析。

第八章 观念力

在成功心理学中，对于动力之源的分析是人生拼搏过程中的重要组成部分。成功的动力是什么？是需要还是观念？是意志还是行动？我们常常听说“欲望之力”“观念力”“行动力”“意志力”等。那么它们分别是一种怎样的力量？它们又是怎样作用于人们并推动他们走向成功的呢？本章主要分析的是观念之力。

第一节 观念是什么

观念（idea）就是一个人对自己、他人、物体或事情等的看法。其中一个人对自己的观念就是我们在下一章所要阐述的自我概念，或简称为自我观念。

人们都生活在现实社会中，每天都要接触各种各样的人。在与人的接触过程中，便会形成自己对他人的印象。世界上现有 80 多亿人，任何个体不可能对所有其他人都形成观念，能在自己脑海中形成观念的人数都是有限的。

在个体对他人形成的观念体系中，又可以细分为“对当代人物的观念”与“对历史人物的观念”“对本国人物的观念”与“对外国人物的观念”“对南方人的观念”与“对北方人的观念”“对本族人的观念”与“对外族人的观念”等等。即使对同一个个体的观念，也是在不断变化的。一个人从婴儿、幼儿、童年、少年、青年、成年发展着，人们在认识此人时，对“童年的他”所具有的观念与对“青年的他”所具有的观念通常是不一样的。

面对同一个物体或者同一件事情，不同的人所持有的看法也未必一样。对自己的看法、对其他个体的看法、对物体的看法、对事情的看法，这四方面的内容就构成了一个人的观念体系。

观念的主要特性有四个：一是对象性；二是内隐性；三是稳定性；四是驱动性。

第一，观念的对象性

观念的对象性，是指观念具有明确的对象。

通常说来，观念的对象可以分为人、物、事三类，即对人的观念、对物的观念或对事的观念。其中对人的观念包括对自己的观念和对他人的观念，对个体的观念以及对群体的观念等。对物的观念可以分为对自然物的观念以及人工物的观念等。对事的观念可以分为对单一事情的观念与复杂事情的观念等。

第二，观念的内隐性

观念的内隐性，是指观念隐藏在人的内心，而且不是显露在表面的。不过，一个人的观念可以通过他的言谈与行为表现出来。如美国哈佛大学第 27 任校长劳伦斯 · 萨默斯（Lawrence Summers，1954—）对男女生理差别就有自己的观点，但他的观点只有通过他自己的言论才能观察分析出。如萨默斯在头脑中有“男性在理工科领域天生就超过女性”的观念，它是内隐的。后来，在美国国家经济研究局举行的一次会议上，通过他的发言，他的内隐性观念才显性化。在会上，萨默斯做了有关女性以及少数族群在理工科学院的地位的报告。对于理工科学院的高级职位上少有女性的问题，他给出了3个理由。起初，他说女性要承担照顾孩子的责任，不能长时间工作。而后他又指出由于生理差别，中学时代男孩子的理科成绩就比女孩子好。为了增强说服力，萨默斯还用自己的女儿举起了例子，他告诉与会者，他送给女儿两辆仿真卡车，女儿却把它们当成玩具娃娃，把一辆叫做“妈咪”，另一辆叫做“爸爸”。还有一点也是很明显的，在萨默斯出任校长后，哈佛这所美国的最高学府提供给女性的职位已经从36%降到了13%。2004年里，对外公开招聘的32个职位中只有4个是给女性的。尽管就整个美国而言，性别似乎已经不成其为求职的障碍。

萨默斯先生是哈佛历史上最年轻的终身教授之一，在28岁他就拿到了哈佛大学经济系的终身教授，他还出任过前克林顿政府的财政部长，而且47岁(2001年)成为哈佛校长。但他也以心直口快、口不择言而著称。在他的哈佛任期中，最令人关注的问题之一就是女性雇员的骤减。

另外，心理学体系中的以第二势力著称的心理分析学派，正是通过自由联想的办法来考察一个人的内隐性观念。

第三，观念的稳定性

观念的稳定性，是指一个人的观念一旦形成后在一定的时间内会保持相对的稳定。观念的稳定性可以保证观念的可测性。

观念的稳定性是通过个体的成长经历而形成的。在实际生活中，人们总是根据现有的少量信息首先对外部世界的人、物与事进行认识，并形成自己的观点。最初形成的观念也可以称为“初始观念”，有了初始观念，人们就有了今后行动的依据。通过多次反复，初始观念可能会发生一定的变化，但这种变化从本质上讲仍然是有利于个体自身简约化行动的。改变了的观念依然具有稳定性的特征，不过是在新的水平上保持稳定。

第四，观念的驱动性

观念的驱动性，是指观念对一个人的行为的驱动作用。

事实上，在日常生活中，我们每天都要表现出大量的行为，以在校大学生为例，他们搞课外发明、参加夏令营、组织社团活动、上课看小说、逃课上网吧、放弃晚自习、占座、恋爱以及性行为……在种种行为与活动的背后，都有相应的观念在驱动。

一个持“大学学习至高无上、恋爱会影响学习、30 岁以前决不谈恋爱、先立业再恋爱”观念的大学生，即使他们面临很多恋爱的机会，也会被他们忽略。除非他们改变了自己原有的观念，相应的行为方式才会发生变化。

第二节　观念的形成

我们对自己、某人、某物或某事的观念是何时形成、怎样形成的呢？分析观念的形成规律，有助于改变不合理观念，形成科学的观念体系，也有助于促进人们生活与事业的成功。

一、观念的形成受制于外部因素

观念的形成通常不外乎受制于个体内外部两种因素，其中外部因素包括父母的影响、教师的影响、崇拜的偶像的影响、重要他人的影响、权威的影响、群体的影响等。

以大学生职业观念的形成为例，就可以看出：一部分高中学生在高考时，他们对今后学习的专业的选择就是职业观念形成的重要阶段。任何一位家长、老师以及学生本人，他们对即将选择的专业的信息都是非常有限的，但在这有限的信息的基础上，他们都必须限期做出一个相对合理的选择。这时，独立性较强的学生的专业观念的形成就更倾向于从自己的兴趣、能力、性格出发，而依赖性较强的学生的专业观念的形成则更倾向于从他人的判断、推理出发。

在一次天津市高校大学生心理状况调查中，近万名大学生围绕恋爱、学习、就业等120多个问题发表了各自的观念，其中有一个问题就是在选择当前专业时是根据谁的观念。结果参见表16。

表16　选择专业的观念来源分布

	人数	百分率
未答	61	0.9
父母	1 287	18.2
老师	267	3.8
亲戚	408	5.8
自己	4 408	62.4
他人	628	8.9
总数	7 059	100.0

从表16可以看出，在7 059份有效问卷中，除了61人(占0.9%)没有回答外，绝大部分人(4 408人，占总数62.4%)是依靠自己的观念来决策的，另外36.7%的人则依靠别人来行动。而在父母、老师与亲戚的比较中，可以发现学生选择职业的观念受制于父母者为第一，亲戚为第二，老师列为第三。

事实上，除了专业选择观念的形成会受到外界影响，在恋爱交友对象的选择方面也同样会受到他人的影响。自己应该找什么类型的朋友并不完全取决于自身，而同样是受父母、亲戚、同学、朋友以及邻居等的影响。

二、观念的形成受制于内部因素

外界因素对一个人的观念形成的影响固然重要，但最终决定个体行为的仍然是内部因素。他人的观念以及外界因素都只有被个体接受后才能成为自己的观念。

影响一个人观念形成的内部因素很多，如个体的性格、气质、需要、爱好、兴趣、能力、经验甚至直觉等。它们都对人的观念形成产生不同的影响。

华华(化名)，中国政法大学的1990届毕业生，毕业后留校任教。有一年，她带学生到南方温州等地实习。通过实习，她发现当地不少老板知识水平并不高，但他们的生意却做得很大、很好。作为拥有本科学历的优秀学生，她形成了一种新的观念：高中生能做好的事情，我一个大学生怎么就做不好呢？从理论上讲我应该比他们做得更好。于是，从外地带学生回校后，她便做了一个令其父母与周围同事吃惊的大决定：辞职下海。

辞职后，华华着手做的第一件事便是"站柜台，卖衣服"。当时，她承受了来自父母等方面的强大压力，当时居无定所，有时在同学宿舍里，有时就在北京火车站住上一宿。她的父母也极力反对："想站柜台为何要读四年大学才来站柜台？"而华华自己有自己的观念："我把自己所学的各种知识都用到卖衣服的工作上"。她使用比较法、批评法等各种方法来推销，一个月下来，她卖的衣服在数量上比其他任何人都多，正如她所说："这是因为我读了大学。"最后她拥有了自己的公司，成为了一个有名的实业家。

像华华这样的大学生，她对职业包括创业的思想观念的形成，在很大程度上就取决于她自己的兴趣、爱好、分析、推理等。对于外界的因素，她能用自己独特的思维过滤器进行过滤，选择适合于自己的内容、形成自己的观念，并依次做出行动。

第三节　观念的改变

2005年7月19日，湖南卫视台邀请陆步轩及陕西商报的记者作为嘉宾参加了一期谈话类电视节目的摄制转播，节目中，陆步轩这位北大的文学才子简述了自己从北大毕业最后走向"杀猪的"(或称为"眼镜")的有关体验，其中给现场观众以及电视观众最大震撼的可能就是

“观念的改变”几个字。

观念的改变可以粗略地分为两种形式:一是渐进式的观念改变。像陆步轩的就业观念的演变,实质上就是他生活过程中的一系列生活事件影响的结果。从一个北大毕业生到一个企业的员工、再到某公司的负责人……最后成为某肉铺的老板,中间经过很多角色的变换,每一次变换,都在改变着他的职业观念。二是突变式的观念改变。譬如,在1992年美国大选年时,知道克林顿的大多数人,对克林顿具有一定的良好观念。但几年后的莱温斯基事件突然暴露时,人们对于克林顿的婚姻家庭观念便发生了急剧变化。北大王铭铭的论文抄袭事件引发很多人对王铭铭为人做事观念的改变,萨达姆从山洞被抓后使他的很多忠实追随者感到失望并导致他们对萨达姆观念的改变,82岁的杨振宁决定娶28岁的翁帆为妻也震撼了一批关注杨振宁的人们……诸如此类的生活事例,举不胜举。

不论何种形式的观念改变,其基本的规律为:只有相关的生活事件,才能促进个体观念的改变。事件的性质不同、影响大小不同、对个体的价值作用不同等,导致的观念改变状况也不一样。一般说来,一件对个体影响较小的事件,通常引起个体观念的渐变;对个体影响很大的事件,则会引起个体观念的突变。我们举一个因一件特殊事情改变人们观念的例子。先看一段报道:

2004年7月1日,经过一夜风雨之后,晴空万里。这是一个难得的飞行好天气。梁万俊,空军某部特级试飞员,这一天一大早就来到飞机场。下午1点09分,梁万俊登上了准备就绪的新型战机,他飞的第二个架次,飞行科目是发动机万米高空加力试验。飞机很快滑出跑道,14分钟后,迅速爬升至12 000米的高空,这时飞机距机场120公里。正当他做完第一组试验后,意外的情况发生了。飞机不仅动力完全丧失,而且电能储备也是个未知数。如果飞机电能不够,带给梁万俊的就是机毁人亡。在世界航空史上,没动力的飞机迫降成功极为少见,梁万俊当时所要面对的困难可想而知。但是梁万俊选择了危险,在经历了生死 8 分钟后，他把飞机带回了地面。

这个事件使人们在头脑中树起了梁万俊是一个真正英雄的形象和观念。特别是改变了国外航空专家对“没动力的飞机迫降成功”的观念等。一些人为事件对于人们观念的改变也是不可忽视的。如，“文革”期间，人们对“老师”的观念不过是“臭老九”，随着 1985 年 9 月 10 日中国第一个教师节的建立，老师的地位不断得到改变，人们对老师的角色开始形成了一个新的观念。

这里所述事件影响的大小因个体的主观体验而决定。有些事情在一个人看来是小事，但在另一个人看来却是大事。六小龄童回忆他的恋爱过程时，就曾描述道：“……在此期间，于虹一直在‘考察’我，有一次她找我时无意往屋里看了一眼，我在那里认真地数纸币，一分、两分、五分的，数了一大堆。当时她心里就蹦出一个念头‘一个大老爷们，费那么大力气，数一分两分的纸币……我早就说不找南方人，不就说中了吗?’后来无意中聊起我们小时候的事，她才知道我小时候家里比较穷，养成了厉行节约的习惯。于虹后来说，听说我的情况后，她心里挺不是滋味的。”同样是数纸币的事，我们可以形成“小气”“吝啬”的观念，也可以形成“节约”的观念。

我们周围存在着不计其数的物品：西服、裙子、袜子、自行车、汽车、饭碗、茶杯、钞票、笔记本、书籍、杂志、报纸……不过我们对于物的观念则是相对稳定的，最容易变化的还是对人的观念。

对个体的成长而言，观念的改变可能导致的结果也不外乎分为两类：促进个体发展，使个体走向成功的道路；阻碍个体的成长，使个体陷入失败的境地。前者相对应的观念就是正确的观念，后者对应的观念就是错误的观念。因此，大学生在大学学习期间，无论是在课堂上的听课，还是在课余的训练，非常重要的一个方面就是要不断树立自己的各种正确观念。如果头脑中已经存在了一些“错误观念”，就应该及时地转变为“正确观念”。大学生应该形成的“正确观念”包括科学的竞争观念、现代的人才观念、乐观的人生观念……详细内容，请参见下节。

第四节 观念的体系

观念不是孤立地存在的,在一个人身上,他的观念是一个庞大的体系,彼此之间形成了紧密联系,只有把握了这个人的观念集合,塑造出一个完整的体系,才有助于此人的成才成长。

大学生的观念体系主要分为三大方面:学习观念、交友观念与职业观念,这三个观念分别又可称为求知观、求爱观与求职观。建立良好的观念体系是人生成功的动力。

一、求知观

大学生的求知观,就是要建立如何科学地获取知识的观念,它不仅包括获取知识的方式与方法,还包括获取知识的内容及结构。

秦安(化名),电子科技大学软硬件开发与程序设计专业的本科毕业生。很显然,秦安所就读学校的"牌子"和所学专业都不错。但2010年毕业后,他怀揣毕业证、学士学位证书到昆明、贵阳等地应聘时发现,大学学到的能迅速运用到实际工作中的东西远远不够。他由此还得出一个结论:"今后的社会最需要两类人才,要么是高学历,要么是拥有高素质背景下的实际技能,后一条路子更适合我"。2012年,秦安在得到父母充分理解后下决心"开倒车",报考了中国航空工业贵州高级技工学校,并被录取。该校是贵州省第一家试点集团办学模式的国家重点技工学校。

正如世界华人成功学权威陈安之所说:一个观念可能改变一个人的一生。秦安的学习与求知观念的改变,使他更新了知识结构,并重新找到了适合于自己的位置。在这个充满变数、机遇和挑战的社会中,以一种务实的学习观来面对现实生活,踏踏实实地走好每一步路,有利于未来生活事业的成功。

二、求爱观

在数以千万计的高校大学生中，他们的成功标准绝大部分都希望在四五年的大学生活中能够获得学业和爱情双丰收。但是丘比特之箭并不能射中每一个学子，其中一个重要原因就是与他们的求爱观密切相关。在爱情方面处于静止状态的群体中，有的人认为自己的经济能力欠佳，有的人认为大学时光宝贵绝不可因“早恋”而浪费，有的人则对自身形体条件感到不满意甚至自卑……正是在上述不同的求爱观支配下才在高校保持着“非恋爱族”。

非恋爱族如何突破当前的现状呢？先来看看近年来媒体频频暴露的一些名人恋爱新思路，也许能使人有所启迪。

2002年7月15日，“跳水皇后”伏明霞与梁锦松在美国夏威夷秘密注册结婚，伏明霞时年25岁，梁锦松50岁。2003年2月26日，伏明霞在香港生下女儿梁司渝；2004年12月12日，伏明霞在香港生下一子。凤凰卫视驻美记者隗静与美国一位大将结婚。凤凰卫视的另一位“战地玫瑰”闾丘露薇在出席隗静婚礼时谈道：“西方人与东方人的观念有些差别，在他们眼里重要的是要有共同语言，年龄不是问题”。以上各位当事人虽然年龄跨度大，但他们超凡脱俗的幸福婚姻使很多大学生的求爱观感觉一新。

值得注意的是，婚姻中的年龄差距之大并不总是体现在男大于女，女大于男的例子也屡见不鲜。香港富华国际集团董事长陈丽华的婚姻观念就使更多大学生感到耳目一新。陈丽华是何方人士？2002年，她在《福布斯》中国富豪榜上名列第一，成为中国最富有的女性，身价55亿元人民币，被称为中国第一富婆。她的丈夫就是《西游记》剧组中扮演唐僧的迟重瑞先生。两人的相识还是得益于《西游记》，1988年《西游记》播出后，酷爱祖国文化的陈丽华看了非常喜欢，恰巧她又是一位“京剧迷”，来京后到中国京剧院会客唱戏，恰巧迟重瑞就在那里，两人谈得很投机，从此一步步发展直至1990年共结秦晋之好。当时迟重瑞

38 岁，而陈丽华已经五十多岁了。

“路漫漫其修远兮，吾将上下而求索。”这句话不仅适于对知识、真理与事业的追求，也适于人们对爱情的追求。这里的“上下”可以做广泛的诠释：既可以是在年龄方面上下调节，也可以是身高方面上下波动，还可以是经济状况方面上下回旋，等等。年龄不是问题，身高不是距离，感情才是关键，正确的求爱观将带来美好、甜蜜而且幸福的婚姻。

三、求职观

随着高校大学生在数量上逐年地扩大招生，由此引发的大学生就业问题日渐明显。在这种大社会背景下拥有一个怎样的求职观念才能使自己脱颖而出获得求职的成功呢？

四川师范大学应届毕业生“双选会”上，一些学生求职应聘时不再只盯着白领职位，有的甚至愿意从宾馆服务员、门童等“基层岗位”干起。一位不愿透露姓名的旅游与酒店管理专业大四女生说：“大学生当服务员一点不掉价。”她自己已向两家大酒店递交了简历，应聘前厅接待员和餐厅服务员。她坦言：“就业压力是一个因素，更重要的是就业观念的变化——要想在一个行业有发展后劲，最好的办法就是踏踏实实，一步一步从基层岗位做起。”几位接受采访的学生不约而同地表示：凭自己在大学四年的“功底”，用不了多长时间就能脱颖而出，进入“管理层”。

另外，上海来邦家政有限公司经理李荣说：2 男 4 女 6 名来自石家庄的大学生保姆，1 月 31 日刚到上海，就全部找到了工作。李荣说，这 6 人中，除 1 人留在公司担任管理人员之外，其余 5 人均在面试当场与客户签约。按照原定意向，客户包吃包住，每人每月薪水 1 800 元，家政公司将提取 10% 至 15% 的中介费用。大学生保姆的走俏坚定了家政公司要把大学生家政做到底的想法。来邦公司负责人表示，以后还会引进第二批……

不同的求职观给人们带来的不同的就业机会，也使人们在不同的水平上实现自我的求职梦想，成就自己的事业。

然而，从观念的体系来观察时，学习观、交友观与职业观并不是孤立存在的，而是彼此交织在一起并形成自身独特体系的。个体的观念体系大体上可以分为如下几种。

（1）以“学习观”为主导的观念体系。在这类人的观念体系中，学习观是位于第一位的，交友观与职业观位于第二位。

（2）以“交友观”为主导的观念体系。在这类人的观念体系中，交友观是位于第一位的，学习观与职业观位于第二位。

（3）以“职业观”为主导的观念体系。在这类人的观念体系中，职业观是位于第一位的，学习观与交友观位于第二位。

（4）“学习观”与“交友观”并重的观念体系。在这类人的观念体系中，学习观与交友观是并列位于第一位的，职业观位于其次。

（5）“交友观”与“职业观”并重的观念体系。在这类人的观念体系中，交友观与职业观是并列位于第一位的，学习观位于其次。

（6）“学习观”与“职业观”并重的观念体系。在这类人的观念体系中，学习观与职业观是并列位于第一位的，交友观位于其次。

（7）三观并重型。在这类人的观念体系中，学习观、交友观与职业观是并列位于第一位的，三种观念被同等地重视。

拥有不同观念体系者具有各自的特点，在对具体个体做观念体系的分析时，还应结合此人的人格特质进行。心理学告诉我们，人格就是指人们对客观事物的态度以及习惯化了的行为方式。而人们对客观事物的态度正是成功心理学中所讲述的各种观念问题。由此可见，观念体系的分析核心仍是人格的分析。

第五节　观念的交锋

一个人与另一个人沟通时，其实质是一个“观念综合体”与另一个“观念综合体”之间的交锋，人际沟通的过程正是观念交锋的过程。

章金莱，即扮演孙悟空的六小龄童，他在六年拍摄《西游记》的漫漫长路上，不仅取到了“真经”，还娶回了媳妇——电视拍摄中的场记于虹。美女于虹当年择偶有三条原则：不找近视眼、不找小矮个儿、不找南方人。最终却嫁给了集这三点于一身的六小龄童，是缘是分？

六小龄童回顾此感情经历时说：“实际上，在我俩最初的选择标准里，彼此都不符合对方的条件。我希望找一个南方女孩，小鸟依人，小家碧玉，温柔体贴。于虹的择偶条件有三个‘不要’：戴眼镜的不要，矮个的不要，南方人不要，几乎全是冲我来的歧视政策。”

两个人的恋爱不仅是恋爱观念之间的交锋，还涉及广泛的其他各种观念的碰撞。像章金莱与于虹彼此在恋爱标准之间虽然有巨大冲突，但两种观念交锋的结果却是良好的，双方最终能求同存异，目标趋于一致。但对于相当部分人来说，观念的交锋却往往带来失败与痛苦。下面描述的则是个体自身的多种观念之间的交锋，有学习观念与恋爱观念的激烈冲突，也有多个成员之间的观念对立。

徘徊在爱情与学业之间

（心理咨询师手记）

上午九点多，我接到了一位母亲打来的热线电话，声音中透露出几分急切和焦虑。她说自己的女儿现在正在谈恋爱，由于谈恋爱，现在把学习也耽误了，下一步不知怎么办？她说很想见一下我，而且她现在就在天津大学校园内。

我由于有非常急迫的事情（事先预约好的事情）确实不能及时接待她，但我还是争取在最快的时间内与她见面谈一次，不过时间最早也得安排到一个小时后。我便告诉她请在半小时后到校心理咨询室等我。

我以最快的速度把事情办妥，并赶到心理咨询室。当我赶到咨询室时，我估计那位母亲已经到了咨询室吧！但从十点半一直等到十一点多，我再次接到那位母亲的电话，她说她找不到心理咨询室的位置。后来我在间接咨询中才知道，她是为了女儿的事特意从山东省 W 市赶过来的，外地人，对天津不熟悉，对天津大学更不熟悉。

见面后，我简要地了解了她女儿的情况，考虑到她已经买好了晚上九点的火车票，今天就要赶回山东老家，目睹做母亲的急切心情，我破例答应晚上六点半至七点半之间与她们交谈1小时。

不过，她更希望安排在下午。然而，我们下午从2点半到5点半的咨询时间表已经安排得满满的。安排在晚上6点半就是最早的了，而且一般情况下我们在晚上是不对外安排咨询的。在中午离开时，那位母亲对我说："我晚上六点就会过来，我早点到这里等你"。我知道她的意思，并答应她我也会尽早赶过来。

按照约定的时间，我来到心理咨询室。

我先安排那位女生和她母亲在咨询室坐下，母亲征求我的意见说："我是不是到隔壁房间等待呢?"经过与那位女生商量，她觉得母亲不在场更好，就这样我建议女孩的母亲先到隔壁的接待室等待。

来自山东省W市的女孩H，是一个在城市长大的姑娘。出生于20世纪90年代初，现在就读于天津某高校，大学四年级学生。

女孩H开门见山地说起了自己的故事。那是在三年前的10月中旬，她开始与一个男孩A谈恋爱。A是一位初中毕业生，A的年龄比H小，天津人，是独生子女，A的家就在她就读的学校附近。她评价A不是她一见钟情的那种人。

其实，H与A是地地道道的网恋者。他们最早"相识"是在2012年初，即1月份寒假期间，当时H还在家乡度寒假。一天，她在网上聊天时结识了A，此后两人的关系便迅速地发展起来，而且当时就通过两次电话，是A从天津市向W市打的长途。但从寒假回到学校后，H与A并没有立即见面，而且持续了将近十个月，虽然也有交流，但彼此一直没有见面。一切都是保持在网络之中，储存于虚拟世界里。H在平静中度过了大学两年的生活。

常言道：十月怀胎，一朝分娩。那是非常痛快的事情。对H来说，她与A经过了十个月的网上恋情后，彼此等来了面对现实的一天。

时间进入了10月金秋，这也是H的大学生活的第三年，她是学中医的，是四年制的大学生，再过两年她就可以顺利毕业了。但10月的那次与A见面彻底改变了她的生活，也改变了她的人生轨迹。

H再次坦率地告诉我，A不是她内心追求的那种男孩，否则不会网上交谈这么久才见面。但见面后发现他确实有一种特别之处，这种特别之处正是她想需要的。也许就是这种情感使他们走到了一起。

自从见面后，H就经常不上课，而是与A天天呆在一起。大概一个月后，那时是12月初，H就干脆住到A的家里了，与A住到一起。她说她不担心同居会导致怀孕，因为她说A很懂这些事，什么“前七后八”啊！等等，很准确的。A初中毕业后就没有再读书，早年就闯荡社会。曾经在一个网吧当过网管，后来也没有做了，当时A没有工作，天天可以与H在一起。

有一天，H的母亲深夜打电话到她的宿舍找她，但没有找到，同宿舍的女生也不知她的去向。H的母亲担心女儿出了什么事，为此特意来过天津。一到天津后，才发现女儿因谈恋爱而住到校外。母亲的愤怒使女儿更加孤立。H说，本来她与A关系也不是很好，常有争吵，但经过此事后，两人似乎一下子关系更近了些。

H也声明自己以前也爱逃课，但一般考前突击复习两周也就都可以通过。但那个学期，H耽误的课实在是太多了。到了考试时，她发现每门课都补不上来了，不管怎么使力，就是搞不懂长久拖下的课程。以前考前突击的方法突然变得不灵了。

在大三期末考试中，她参加了第一门课考试。第一门考试课是H最有把握的，但是H考后便发现自己考得一团糟，最后这门课考试确实没有通过。她知道后面的几门课肯定考不好，与其考得很糟，还不如不参加考试。如果每门课都只考上很低的分数，在同学中会很没有面子。就这样，H最后决定放弃后面的几门考试。留在寒假过后补考时再拼一次。

然而，寒假期间，H并没有像她自己做决定时所想的那样去刻苦学习，而是一如既往地与A朝夕相处，忘乎一切。到了补考时间，由于没有复习，心里对考试没有把握，她又一次做了重大决定：再次放弃补考机会。

根据学籍管理办法，H面临着被劝退的威胁。此时，H的母亲再次北上，经过与学校苦苦周旋，最后答应给H一个留级的机会，也就是在2013年秋重读大学三年级。

在等待重读的日子里，H大部分时间是在A的家里度过的。A没有工作，但每天就爱上网玩游戏，而且常常是玩上通宵，因为晚上的网速很快，白天就休息。A还有一个致命的弱点，就是大男子主义，对她不放心，不让她单独出去呆很久。也许就是这条缺点导致了她与A的第一次分手。

时间到了2013年5月份，H想回老家看看，A不愿意，最后同意她回家三天。事实上，很久没有回到老家的H在家一呆就是半个月。等回校来到A的家里时，A质问她为什么在家呆那么久？A气愤地告诉H：他已经另外找过一个女孩了。令H吃惊的是，A还真的带了一个女孩X来见她。X是一个本市的女孩，年龄比A小很多，好像是中专生，家里很有钱，A的父母对X也很满意。H觉得她自己与A的母亲的关系不好，虽然住在A的家里，但从不与A的母亲同桌吃饭，也不说话。

就这样，H与A的关系中断了。带着伤感，她又回到了山东老家。直到9月返校复读大三时也很少与A有联系。生活似乎又恢复了平静，H又好像开始了正常的大学生活。

可是，就在快要期末考试时，H又接到了A的电话，A说他与X分手了。A来到H所在的校园内，并当着H的面边哭泣边说："是X提出来要分手的，凭什么是她提出来呢？要分手也应该是我提出来。"H看到A可怜的样子，又随A回到了他的身边，彼此又开始了新的交流。

没多久，H又应邀到了A家，当时已是2014年2月份了，现在两人似乎又恢复了较好的关系状态。彼此说话的方式似乎也与以前都不一样了。

但是,H的学习因A酷爱上网的生活方式而受到很大影响。H说:“我现在意识到自己学业的重要了,目前补考的科目还较多,想学习又无法学习。回到学校住,A肯定不同意,说实在的,我对A也不放心,他在外面总爱和熟悉的女孩子说些难听的话等,所以我与A总是一同进进出出,形影不离……”

H现在感到最迫切需要解决的问题是如何做到学习与恋爱两者兼顾,还有第二个大的问题就是如何处理自己的母亲与A的关系。H称她母亲不喜欢A,A也不喜欢她母亲。她母亲从外地来后,也不到A的家去,虽然A的母亲邀请过她的母亲……

H一方面有改进学习的观念,另一方面又有持续恋爱的观念,两者却始终处在矛盾之中。H与A的母亲的沟通困难、X与A的争吵与分手、A与H的母亲之间的格格不入……这些都充分包含了人际交往中的观念交锋,这些观念交锋在没有正确调解的状况下使得H的生活与学习遭受着一次又一次的危机和失败。

成功心理行为训练(8):“课程意义”纵横谈

“课程意义”纵横谈的团体活动设计目的是为了训练学生自觉发现“观念是一种力量”,并通过实际活动促进学生形成合理的观念,以合理观念促进个体的成长。此活动的开展程序为:

1. 活动以团体行为训练进行为宜。整个团体为80~120人,实际人数视具体情况而定。

2. 把整个团体按8~10人分为一组。如把100人分成10组,每组10人。

3. 在各个小组中自荐或他荐产生一名小组长,由小组长负责主持本小组的活动。

4. 小组成员固定,属于封闭型团体。

5. 每个小组成员围绕当前学习某课程发表自己的观点,并写出自己出席此课程的实际情况。把有关分析记录下来,时间大约为8分钟。

6. 每一个成员利用3分钟的时间把自己的记录进行简单描述。

7. 小组长对所有成员的描述进行总结。

小组成员每人说一句关于所讨论的课程意义的话，结束此次团体活动。

第九章 自我概念

在一个人所拥有的概念体系中，位于核心地位的概念是自我概念。自我概念就是人们对自己的看法与态度，它包括四方面的内容：生理自我概念（或身体自我概念）、心理自我概念、社会自我概念和关联自我概念（或物质自我概念）。

第一节 培养自信自尊

自我概念的描述与分类的方式很多，如果从积极与消极的角度来划分，则可以把自我概念分为积极的自我概念与消极的自我概念。

自尊与自信就是积极的自我概念的内容。拥有积极的自我概念，是一个人在成功的征途中不可缺少的心理品质。

但是，在实际生活中，由于每一个人的遗传、环境与经历都不一样，无论是他们的秉性天赋，还是他们的家庭环境，无论是他们的学习环境，还是个人所创造的物质条件，都存在各种不同程度的差别。种种差别的存在是人类的自尊与自卑产生的根源所在。

王娇（化名），一位16岁的女孩，正在高中二年级学习。她从小就喜欢学习。在初中阶段学习时，每次考试，她都是名列全班前3位。同时，她还有一个爱好，就是酷爱音乐，特别喜欢唱歌与弹钢琴。在初中毕业前夕，王娇开始面临着人生的第一次选择。在她看来，当时摆在她面前的道路有两条：一是从自己整体的学习水平出发，上重点高中，将来考重点大学；二是从自己的音乐兴趣爱好出发，上普通的专业高中，将来考重点高校的艺术专业。

经过权衡，王娇的决策天平倾向了"兴趣爱好"一边，最终她选择普通的专业高中，培养发展自己的兴趣专长。

然而，在王娇跨进高中学校后，她在感受并体验到音乐专业给她带来无限快乐的同时，有一个事实不得不引起她的注意：这所学校的学生与其他重点学校的学生差别很大，基本上都是学习不太好的，他们之所以选择这所专业学校，兴趣不是主要的，学习较差才使他们走到这里。王娇与他们相处，平时感到没有什么共同语言。王娇还发现学校的教学状况也不令人满意。

与此同时，王娇每次把视线转向昔日初中的同学时，就会发现自己的学习与他们的差距越来越大了。她开始怀疑自己选择的错误，心中常常感到自惭形秽，不如他们前途光明，自卑之心萦绕脑海。她由此想起了借读，到重点高中借读……

王娇原来是一个学习优秀的学生，由于志愿选择的问题使她在新的环境中感受到了自己在学习状况变化的差别，并由此引起自卑心理。

自卑心理多种多样，但其本质都是一致的，那就是感觉到自己不如他人，或者自己不如以前，今不如昔。当自卑之心向我们袭来时，可以采用如下一些方法使我们重整心态，从自卑中走出，发现一个充满灿烂阳光的地带。

第一，改变比较对象，掌握比较方法。在现实生活中，与人比较是不可避免的。但我们在与人比较时，要注意科学的方法，既要学习向上比较，又要善于向下比较。向上比较可以发现自己的不足，明确自己的前进方向，向下比较可以增强自己的信心，具备良好的自尊。

第二，细化奋斗目标，脚踏实地迈步。从自己的客观情况出发，把自己的目标分解好，尽可能地细化，使之具有可行的操作性。并且一步一个脚印地向前迈步，就能够使自己美好的愿望转化为现实。事实上，当我们每向前迈进一步时，都可以增强我们的自尊与自信，并由此形成良性循环。

第二节 积极的心态

积极的心态(positive mental states),实质就是积极的观念,特别是积极的自我观念。培养积极的心态就是要学会从积极的视角来进行思考的习惯,从积极的维度来看待自己、看待他人、看待物体或看待具体事情。

成功心理学告诉我们:每个人都随身携带着一种看不见的法宝,这个法宝的两面分别装饰着四个不同的字,一面是“积极心态”,另一面是“消极心态”。

拿破仑·希尔历经20年,访问了美国500多位最有影响的成功人士,从而发现,他们随身携带着一块无价之宝——积极的心态。(引自《成功是一种心态》)

而拥有消极心态的人便总是从消极的视角来看待自我与世界,通俗一点说来,就是说消极心态者总是从不好的方面来看待或推测自身及其周围所发生的一切。

积极的心态是一种乐观的、进取的、正面的心态。它由希望、乐观、进取、勇气等正面的特征组成。而消极的心态是一种反面的心态,它由悲观、颓废、抱怨、等待等反面的特征组成。在大学生中,常常可以见到很多消极的心态。如:

——大学三年级的一名女生Y,因同宿舍其他几名女生都已经找了男朋友,但Y自己还没有男友,由此觉得自己长得丑。不久,有一同学给她介绍了一名男研究生,但她不敢见面,感到非常紧张,怕见面后男生会不同意自己。消极者往往事情还没有发生,心里就已经充满了可能失败的结果,严重的还会被那些可能的失败结果所击倒。

——大学二年级的一名女生F,学习良好,有强烈的与人交往的愿望,但自己感到性格内向,觉得与人交谈时不会措辞,会遭到同学们的嘲笑。不论是陌生人,还是熟悉者,都不敢与其交流。F 是站在他人的立场上,从消极的视角看待将要发生的一切。

——大学二年级的一名男生 H,学习成绩非常优秀,在全系同学排名中名列前茅,凭 H 的成绩,他完全可以保研,但是他想放弃保研而选择出国,但又担心害怕出不去,还怕由此在同学与女友面前丢面子。事情还没有发生,H 已经看到一连串的消极现象。

——大学三年级的一名男生 G,高中就读于某重点中学,毕业后考入某重点大学。选择了物理学专业,进入大学后感到物理学专业在大学毕业后的毕业分配前景不好,忧虑重重,由此常常引起失眠。这种不良的消极心态从大学一年级一直持续到大学三年级。

……

培养大学生的积极心态是培养大学生良好心理素质的重要内容,如何培养自己的积极心态呢?

一是从语言的视角进行培养。运用正面的、积极的语言进行暗示,非常有利于积极心态的培养,而且效果比较明显。比如在忙了一天之后,终于把某事情做完,这时你可以从正面评价一下:“紧张了一天,现在真轻松,事情完成了,感觉真愉快。”而不要抱怨:“我今天累死了。”在学习或工作中遇到困难的事情而一时难以完成时,学会说:“我经过努力一定能完成。”不要说:“我不行。”不断地使用积极的语言暗示有助于积极心态的形成。

二是从行动的视角进行培养。积极行动会导致积极思维,而积极思维又会导致积极的心态,互为因果,相互促进形成良性循环。不少人总是等到自己有了积极的感受再去付诸行动,实际上这是一种本末倒置的做法。心态是紧跟行动之后的,一个人如果从一种消极心态开始,等待着积极的感觉把自己带向具体的行动,那么他就永远成不了他想做的具有积极心态的人。因此,做任何事情都不要总是等待,不要想“这事情等我心情好时再做”,而应该用行动来培养自己积极的心态。

三是从环境的视角进行培养。环境包括周围的人、物和事,平时养成注意发现他人和事物闪光点的良好习惯，不要总是盯着别人的缺点和事物的阴暗面。因为任何人都有自己的优点和缺点、优势与劣势，任何事物都有正面和反面、光明面与阴暗面，任何一个社会都有好事和坏事，就像我们这个世界有白天和黑夜一样。因此，在生活中学会注意称赞别人的优点，懂得欣赏事物的美丽，而不是抱怨别人的不好或环境的恶劣，一个人的心态自然就会变得积极起来。

第三节　自信提高的背景

培养良好的自信心与自尊心，前两节已经介绍了部分方法，并且特别强调了从语言、行动与环境等三个视角对积极心态的培养。另外，也论述了比较方法与细化目标在培养自信心与自尊心过程中所起的重要作用。

除此之外，还有一个影响人们自信心与自尊心提高的重要因素，那就是成长环境这个背景因素。

这个成长环境是变化的，它既可能包括童年成长的家庭环境，也可能包括孩子生活的幼儿园环境、学生学习的学校环境、大学生成长的高校环境以及毕业生们的日后工作环境等，这些都是影响个体自信心与自尊心的至关重要的背景因素。

天津大学幼儿园实行“幼儿教学对家长开放日”，实际上这也是我孩子自上幼儿园一年半来的第一次对家长开放日。带着好奇，同时也是一份关心与责任，我抽空参加了这次开放日活动。

活动内容还真的很丰富，有唱歌，也有跳舞，有对话，也有贴纸，中间还很有规律地让孩子喝水或领其去便尿。不过最引我注意的还是主领各项活动的赵德凤老师在活动中所穿插的“贴小棒手图标”的行为——每当一位小朋友在大声唱歌、积极跳舞或较准确回答问题时，赵老师都会及时用语言去鼓励与表扬他，并把一个“小棒手图标”贴在其胸前，这种及时强化使孩子充满喜悦。

特别地，其中有一个项目是，赵老师用手指着电视机上面摆放着的4个苹果问小朋友：电视机上放着几个什么东西？

这个问题确实有难度，因为这里有几个关键点：一是包含数学问题，“4”是比较难识别的数概念；二是包含二重答案，既要回答是几个，又要回答是什么东西。但是，赵老师刚一问毕，那些天真无邪的孩子中就有人抢答了，不过回答的声音很嘈杂，孩子的“3个”“4个”的回答声与家长们的笑声融合到一起。此时，赵老师又会对此作进一步引导：请回答完整，几个什么呀？当有人最终回答出4个苹果时，赵老师会立即送上一枚“小棒手图标”。

当所有的孩子刚刚一起在台上表演唱过歌后，赵老师又问道：“孩子们，刚刚谁唱得最好啊？”孩子们也快速抢答道“我”，赵老师则忙着对所有举手并大声回答“我”的孩子都送上一个“小棒手图标”，同时对每一个孩子说：“很好，这就叫‘自信’，敢于说自己唱得好！”

同时，我也注意到活动中的一个细节，当赵老师在按“成绩”奖励强化学生时，另一位姓丛的老师则在逐个地给在场的每位孩子都送上一枚“小棒手图标”。

我所目睹的这个幼儿园的环境就是一个能促使孩子增强自尊与自信的良好成长环境。一个人自信心的来源的确缺少不了来自于我们生活背景的影响。这个生活背景不仅是指生活的环境，更重要的是指生活环境中的他人。正如幼儿园的硬件设施与幼儿园的老师两者在对幼儿心灵产生影响方面，幼儿园老师的影响可能更加重要。他们从最初影响孩子的自信心，接着进一步影响孩子的自尊心，最终到影响孩子健全人格的形成。

在此，我们还有必要简述一下自信心与自尊心两者的关系。一般说来，自信心与自尊心分别可简称为自信与自尊，其中自信心就是一个人自己相信自己的心理，是相信自己有能力实现自己愿望的心理，是对自己力量的充分肯定。自信是自尊建立的基础，自尊心的确立又能提高人的自信心。自尊和自信是相互联系、密不可分的。

不仅幼儿、小学生与中学生的自信心培养遵循此规律，即使在大学生与研究生等的自信心培养方面，也同样遵循这个规律。

我接待了某校的一位大三男生，在交谈中他所说的第一句话是："老师，我目前感觉自己什么都不行，没有任何优点。"

老师："你可以具体谈谈在哪些方面有这种感觉吗？"

学生："我的组织领导能力不行，不能成功地组织活动，在活动中总是听人指挥与安排，人云亦云，属于随大流、模仿与从众的一类人。"

老师："除此之外呢？"

学生："我的社会交往能力也特别差，没有什么朋友。"

老师："男女朋友都不多吗？"

学生："是的，既没有什么男性朋友，与女生交往得就更少了。"接着，学生继续陈述着自己的感觉："我的语言表达能力也差，不太愿意与人说话，事实上也觉得没有什么好说的，找不到可以说的话题"。

老师："你感觉你在组织能力、交往能力以及语言表达能力方面很差，是吧？"

学生："是，不仅如此，我在学习能力与动手操作能力方面也很差。"

老师："你能简要说说你为什么会认为自己在学习能力与动手操作能力方面也都很差吗？"

学生："先说动手操作能力吧！我们宿舍就有一个同学，他在这方面就特别强，能从事科研设计，在校内科技设计比赛中还获奖了，他具有很大的科研潜力，但我不行。在学习方面，我总觉得自己的记忆力很差，记忆一些知识比较慢，而且不持久。与我同住一个宿舍的团支书对天文地理历史政治等几乎什么都知道，而我在各方面的知识储备都特别少，感觉自己是孤陋寡闻。"

老师："你刚刚所说的动手操作能力与学习能力差，其实都是与你所在宿舍的同学比较而产生的感觉，对吧？"

学生："是。"

老师："你是否还可以把你宿舍的其他三个人的情况简要介绍一下呢？"

学生："我宿舍的另外三位同学的情况是：一位是院学生会的主席，他的组织能力特别能；第二位是某市一所中学高考状元，成绩一直是名列前茅的那类人；第三位是交往能力强而且言语能力优秀者，说话风趣幽默，很有人缘，男生与女生都很喜欢他。"

老师："由此可见，你上面所说的组织能力、交往能力以及语言表达能力差，其实也是与本宿舍的同学相比较而产生的感觉，对吧？"

学生点点头，说："是"

每一个人都生活在一定的环境中，而宿舍是影响大学生生活与学习的重要环境因素。除此之外，大学生所在班组、社团等也是重要的环境要素。如何把宿舍、班组与社团等这些背景因素在提高学生自信心与自尊心方面发挥出最佳影响仍需要结合各种心理疗法来进行具体阐述。

第一，环境背景是客观的，应对方式源于主观。对于同样的宿舍环境，面对各方面都有一定专长、技能或优势的其他同学，一位消极者可能会发出"自己不如他人，甚至自感一无是处"的感叹，而一位积极者则能从同伴身上看到自己参照学习的机遇。良好的应对方式正是源于这种积极的认知。

第二，现状是暂时的，发展与改变才是长久的，甚至是终身的。如果我们只看到自身目前的不足，而看不到未来发展的希望，那么也容易导致自信心下降与自尊心缺失。相反，当我们把整个大学阶段正确理解为"自信心与自尊心的培养阶段"时，就能很好地理解自己所目睹的环境与现实的差异，不会由于片面重视当前不利结果而自卑，而能较好地从环境中吸取营养要素，逐步增强个体的自信心与自尊心，最终增强自身的综合实力。

第三，从环境背景中受益的其他方法。相信自己，不仅仅是一个自我观念——自己相信自己的论题，而且是一个涉及自我行动的论题，亦即通过自身行动结果来形成与增强对自己的信任感。为了达到形成与增强对自己能力的信任感,我们可以通过很多具体的操作方案来实现此目的。如传统的语言暗示激励法、压力情境测试法、心理行为训练法、可行小件累加法等。也可以通过营造一个良好人文环境的方法来增强自信心与自尊心。

苏霍姆林斯基有一句教育名言:要让每个学生都抬起头来走路。"抬起头来"意味着对自己、对未来、对所要做的事情充满信心。任何一个人,当他昂首挺胸、大步前进的时候,在他的心里有诸多的潜台词——"我能行""我的目标一定能达到""我会干得很好的""小小的挫折对我来说不算什么"。在自尊心的培养方面,我们不仅有理由去自我尊重和自我爱护,也完全有理由去要求他人、集体和社会对自己尊重,这种合理期望心理得以满足也是自信心与自尊心提高不可或缺的方面。

成功心理行为训练(9):闭上一只眼,画半个自己

"闭上一只眼,画半个自己"的团体活动设计目的是为了训练学生更好地审视自我,由此促进学生形成积极的自我观念,以积极观念看待自己,最终促进自我的成长。此活动的开展程序为:

1. 活动以团体行为训练进行为宜。整个团体为 80 ~ 120 人,实际人数视具体情况而定。

2. 把整个团体按 8 ~ 10 人分为一组。如把 100 人分成 10 组,每组 10 人。

3. 在各个小组中自荐或他荐产生一名小组长,由小组长负责主持本小组的活动。

4. 小组成员固定,属于封闭型团体。

5. 每个小组成员在一张白纸上给自己画半张像,而且要求闭上一只眼来画。绘画时,要求从积极的方面来描绘,睁开的眼就是积极的眼,因为消极的眼睛已经闭上了。时间大约为 8 分钟。

6. 每一个成员利用 3 分钟的时间把自己的绘画进行简单描述。

7. 小组长对所有成员的描述进行总结。

小组成员每人简述一下关于“闭一只眼，画半张像”的体验，结束此次团体活动。

第十章　行动力

在成功心理学中,对于成功心理的影响因素的分类有很多种。但不论哪种分类方法,都无一例外地包含有“行动”这个因素。本章中就专门围绕行动这个主题来展开分析。如果说观念是一种力量,那是因为它是成功的“发动机”,观念的力量体现在动力之源上。而行动作为一种力量,那它就是“滚动的车轮”,行动的力量则主要体现在动力的成效方面。从观念到行动,正如把巨大的动力从发动机引向滚动的车轮,并把客人带向计划行驶的目的地。

第一节　从思想到行动

每一个人都可以有很多思想,而且每时每刻都可能有很多思想。但是,在人的一生中,能变成现实、转变为行动的思想却是微乎其微。一天之中,在我们想过的100件事中,有三四件能最终转变为客观现实就已经可歌可泣了,有七八件能转入到探索性行动中就更加难能可贵了。

不过,所有的成功都必须遵循“从思想到行动”的规则,否则世界就将无成功而言。

2002年3月,我参加了南开大学博士生会主席团的竞选活动,在竞选时我提出了自己的三大竞选纲领:一是加强各学科专业博士生之间的横向交流,二是建立一份与博士生有关的报纸,三是密切关注未婚博士生的婚恋生活状况。

我的上述三大观点使我赢得了竞选。在我进入博士生会主席团后，我便努力把自己的竞选思想转变为可操作的行动方案。在我承诺要做的三件事中，把哪一件事先付之于行动呢？经过分析，最后确定：先做易于操作的“密切关注未婚博士生的婚恋生活状况”之事。当这个决定正式做出时，时间正好是3月28日。

为了组织和开展好这项活动，我们博士生会于4月初还专门组织全体成员召开了一次会议讨论活动的名称、具体实施的计划等。

在讨论活动的名称等问题时，当时我们还邀请了天津大学研究生会、天津医科大学研究生会、天津师范大学研究生会等高校研究生组织的有关负责人参加。最后我们确定活动的主题名字为“缘定玫瑰”，具体内容是：帮助未婚硕士生和未婚博士生结交异性朋友，活动开展范围为：天津市所有高校的未婚硕士生、未婚博士生。

在讨论中，也出现了不少的争论，其中最大的争论可能还是活动的名称上。某校研究生会的参会负责人认为，最好不要用“缘定玫瑰”，因为他们学校已经有一个比较成熟的学生活动，名字叫“玫瑰之约”。否则，两者容易搞混。但经过解释两者的不同后，多数学校还是表示认同此名。“玫瑰之约”可能重在学生交普通朋友方面，参加者可以是研究生，也可以是本科生；可以是已婚的，也可以是未婚的。而“缘定玫瑰”重在恋爱对象的选择，参加者要求只能是研究生（包括硕士生与博士生），而且必须是未婚的。

活动时间最后定在：2002年4月28日晚上

为了做好这次活动，博士生会派出了广大成员到天津市其他招收了研究生的院校中张贴海报进行宣传，我当时负责的是天津外国语学院、天津财经大学以及天津工业大学，而天津理工大学、天津商学院、天津科技大学等其他院校也分别派人进行了联系和宣传。

参加活动的报名时间是：4月18日至21日。在实际报名的过程中，参加活动的学生相当积极，由于报名人数太多，报名的时间也不得不推迟到23日。最后我们不得不采取了限制报名以至于停止报名的措施，以确保活动能顺利进行。但报名参与者还是远远超过300人。

活动最后开展得很成功，4月29日的《每日新报》头版头条对此事做了报道。此事后来在全国高校中乃至在全国众多媒体中都引起了广泛注意。我们接到了不少来自各方的信函，有求爱的，也有寻求合作的，还有部分家长为了“儿女的婚事”而专程来到南开大学……

上述活动是我在博士生会主席团任职后所做的第一件事。但是，一个观念或者说一种思想最后变成为现实、转变为行动并不是那么容易的。以上面的活动为例可以看出，化思想为行动至少需要如下条件：

第一，积极地思考。“积极地思考”是第一步。没有积极的思考，就没有良好的观念或思想。在思考中，我们要敢于代表大多数的利益，敢于把大多数的心理需求概括总结出来，敢于酝酿和设计具有创新性活动形式来实现有关的心理需求……

如果对于个人性事务，也同样需要积极的思考，在思考中产生“新的观念”(new ideas)，在思考中形成对未来的美好构思。

第二，主动地尝试。“主动地尝试”是从思想走向成功的重要的一步。如果没有尝试，我们就不知自己的思想是否正确，也不知自己的观念是否能为自己、他人或社会带来收益。但只要经过尝试，成果就可能呈现。当然问题也可能暴露。即使暴露了问题，也没有什么可怕的，因为我们还可以通过“果断地校正”来转败为胜。

第三，果断地校正。“果断地校正”就是对行动的结果进行调试，以确保行动取得良好的效果。在心理学中，有一个著名的理论，名叫“试误论”。这个心理学理论告诉我们，通过不断“尝试——发现错误——校正错误再尝试——再发现错误……”的过程就可以使我们的行动逐步趋近理想中的目标，走向事业和人生的成功。

第二节 敢于表白——获得爱情的敲门砖

表白，就是把自己内心的想法或体验对相关的个人或群体表述出来。表白的方式很多，有语言的表白，也有非语言的表白。

大学生获得爱情的第一步就是要敢于表白。如果你是一位男生，当你迷恋上了一位女孩时，就要勇敢地站出来向其表白，否则良好的机会可能就会被丧失。

每一个大学生都有追求他人（即自己期望的幸福爱情）的权利，每一个大学生也都有被人追求的权利。譬如，在一个拥有 26 000 人的某高校中，如果男女各半，那么从理论上说，每一个男生都有 13 000 个恋爱机会，每一个女生也同样拥有 13 000 个候选恋人。“机会”“候选”等表示的都只是可能，把可能转化为现实，需要的正是切实的行动，这行动的最基本要素之一就是“表白”。

下面还是先来看一个具体的表白案例。

阿占，某企业的技术人员，他在大学同学毕业两周年的聚会中再度见到了本班同学小红。在得知小红还没有找朋友时，他便开玩笑地对小红说：“两年前如果我向你求爱，你会答应我吗？”小红郑重地微笑道：“两年前你为什么不说呢？如果你说了也许现在我们就是一家人了”。从这句话为出发点或里程碑，阿占开始了与小红的密切交流，最后他们组建了一个幸福的家庭。

小红，在大学期间就是一位很秀气、很有气质但比较腼腆的女孩。阿占心中对小红充满着好感，平时也会接近小红，并在一些事情上帮助她。但阿占来自农村，在内心总是感觉到来自城镇的小红对自己不会产生情感上的共鸣。阿占在很多场合与多次机会中也曾想向小红表白，但最终还是屈服于自我心灵中的自卑感，在大学毕业时阿占带着一份情感上的遗憾走出了大学校门，步入了社会。

两年后的再度会面，让阿占感慨万分：爱情中确实需要勇气，敢于表白与羞于表白,结果大相径庭。前者是敲开爱情大门的金钥匙,后者则是封闭爱情大门的恶魔。对他自身而言,羞于表白导致的最直接的损失就是数年爱情生活的错过。

大学生们在追求爱情的道路上,常常也会出现曲折,特别是表白的时刻可能会出现出人意料的结果。理智地对待表白的结果有助于爱情的顺利发展以及求爱经历的积累。在此,每一个准备表白的大学生都需要在思想上有一个充分的准备:随时应对对方的拒绝,如果能有“拒绝是必然,接受是偶然”的心态,那么就能坦然面对各种尴尬甚至不利的场面。否则,摆在眼前的可能是引向爱情悲剧的小道。下面就是一个因为表白失败后采取过激行为的案例。

广东外语外贸大学党委副书记许国斌分析了自己学校的一个案例。该校曾有一名男生小耿(化名)向其爱慕的女生小芸(化名)求爱,小芸婉拒了小耿。小耿求爱不成,便在多个场合谩骂小芸。一天晚上,自修室内只有小芸一人在自习,跟踪已久的小耿冲进自修室,拎起课桌椅就向小芸砸去,最后导致小芸背部、肋骨受伤。

表白引发的挫折直接会影响一个人的人格,对于大学生爱情表白的挫折,有关方面应该配合,采取可行性措施,使当事人能够渡过难关。

如上述案例中谈及的小耿,当时,小芸的父母坚决要求校方开除他,但学校将小耿带到医院,经测试发现他是反社会型人格障碍。这名学生父母离异,如果开除他,势必引发他不顾后果的报复,彻底把他推向充满仇视的世界。学校带着专家到小芸家做工作,让小芸转学到了另一个城市,小耿也最终接受了该校的心理辅导。“如今,小耿已经走上社会,有了稳定的职业。”广东外语外贸大学党委副书记许国斌说,“有些学生成绩差、逃课违纪、看暴力色情影片、有暴力倾向,渐渐被师生孤立,最初的人格障碍无人帮助任其发展,后果不堪设想。”

爱情的表白首先源于个人,但它又绝不是纯个人的事情,它还需要一个宽松的社会支持环境。给大学生营造良好的人际关系,是爱情表白得以成功的重要因素。

这里所指的社会支持环境包括的内容很广，既包括当事人的父母兄弟等亲戚、同学朋友或老师，也包括社会机构或相关群体等。

让爱情之花在“表白”之中灿烂开放！

第三节　行动就是苦练

古希腊时的一个口吃者叫德摩斯蒂尼，但他坚持苦练，甚至口含石子地不断练习，最终成为了著名演讲家。而在1964年4月的中国四川省苍溪县的一个小山村，在一个祖祖辈辈都是面朝黄土背朝天的农民家庭里降生了一位孩子，这孩子叫陈家戎。小时候，陈家戎既聪明活泼，又好学要强，大人们都说这孩子长大后肯定有出息。然而，一件意外的小事，却让陈家戎变成了遭人耻笑的结巴，当时，陈家戎刚刚11岁。从正常人到结巴，又从结巴到正常人，陈家戎走过了一条艰难的道路，下面简略地看看陈家戎的生活历程：

★上初中时的11岁那年（1975），因“跳摸厕所横梁”被老师误解为“翻女生厕所”，“厕所事件”后，陈家戎变得胆小而紧张。

★有一次上学迟到了，陈家戎站在教室门口喊“报告”，因为恐惧和紧张，他一连喊了十几个“报”字，却就是喊不出“告”字。同学们称陈家戎为“陈结巴”或“翻女生厕所的”。

★高中毕业后，回乡务农，小孩子学他结巴。也有人故意逗他。

★去县城打工，包工头说：“你这种样子还打什么工？你要是说关掉卷扬机，被我听成了开机，岂不是会出人命？你要干脆是个哑巴，我也许发善心让你拎拎泥桶！”陈家戎遭此羞辱后不敢出去打工。

★村里不懂事的小孩：“结巴结巴，快成哑巴！干活没人要，媳妇不嫁啦！”

★放鸭老人救家戎。有一天，陈家戎做贼似的悄悄去河边洗衣服，谁知还是被几个小孩发现了。当孩子们又唱起羞辱他结巴的儿歌时，他顿时万念俱灰，再也承受不住了，猛地跳进河中，打算结束自己的生命。这时,一位在河边放鸭的老人发现了,赶紧跳进河里把他救上了岸。面对号啕大哭的陈家戎,放鸭老人苦口婆心地说:“娃儿,你怎么这么愚蠢?干吗要死?比起那些双目瞎了、双耳聋了的人,你幸运多了!就算是世上最结巴的结巴,又能怎么样?何况你又不是天生的结巴!小时候的你多要强呀?铁杵都能磨成针,你干吗不试试,不练练,没准就能自己把结巴治好呢!”(放鸭老人的话,激起了潜藏在陈家戎心底的要强劲。他不哭了,咬紧了牙关,心想:是啊,《国际歌》里唱得对,“全靠我们自己”,我偏不信自己治不好结巴!)

★16岁(1980)的陈家戎开始横下心来,想要试着自己治好自己的结巴!

★从此以后,陈家戎就开始刻苦演练,他采用口含石子矫字音、说话前深吸气放松心情、特殊的肌肉训练、独特的发音训练和应用练习等方法,经过6年的不懈努力,到1986年时陈家戎的口吃终于矫正过来了!接着,他办起了学校,开启了一扇口吃矫正之门,仅在1987年~2005年的18年间就救治了来自全国的口吃患者2万余人。期间,他在矫正口吃方面还获得两项国家专利。

2005年7月30日,陈家戎在CCTV-7中介绍了自己的上述成长以及奋斗经历。

另外,我们再来看一位失去双臂的书法家的苦练行为。

和志刚,纳西族,云南省丽江市古城区残疾人联合会肢残协会主席。和志刚11岁时不幸遭高压电击,失去了双臂。他没有向命运低头,凭着超乎常人的毅力,在父母的帮助下很快学会了穿衣、做饭、挑水、洗衣……并用口代手写字,以优异的成绩完成了小学到高中的学业。他四处拜师求艺,十年苦练,练就自成一家的口书书法,曾在上海、日本、新加坡等地举办书法展,其作品参展中国国际书画博览会、全国获奖艺术家精品博览会。为锻炼意志、增强体质,没有双臂的他完全靠腰部保持平衡,风雨无阻练习跑步,上中学时每天坚持晨跑6至8公里,终于取得成功,在第一届全国残运会上夺得3项冠军。和志刚在逆境中靠顽强拼搏创造了精彩人生，1994 年作为我国唯一的残疾人代表，出席了在英国举办的国际残疾人艺术技能论坛会。获世界残疾人书画展金奖和云南省十大杰出青年称号。

行动就是苦练，当然如果加上巧练，行动就会更加有效。正是在执著的苦练和巧练之中，才能迎来人生所追求的事业的成功。

第四节　行动在分解动作中展开

行动，通常说来，是指为了某种意图而采取的行为。具体而言，行动最后要落实到一些具体的动作上，如第二节介绍的爱情表白、第三节介绍的口吃矫正的苦练……另外还有“迈开脚下一步路”“开口说出一句话”等正是一个个实实在在的动作。本节将通过把抽象的行动具体分解为一个个动作，让人们在分解动作中展开人生的成功道路。

一、行动就是“迈出第一步”

万事开头难，迈出第一步便是行动的开始。常言道：眼是懒蛋，手是好汉。一些看似很难的事，真正做起来就不那么难了。因此，迈出第一步很重要。美国的希尔博士在他所著的《人人都能成功》一书中写了这样一个故事：63 岁的老太婆菲莉皮亚夫人，决定从纽约市步行到佛罗里达州的迈阿密市去，这段路程大约相当于从北京（或天津）至香港的距离。当菲莉皮亚夫人到达迈阿密时，记者问她是如何鼓起勇气徒步旅行的？她回答说：“走一步路是不需要勇气的。”“我就是迈出一步，再迈一步，不停地迈，就到这里了。”

二、行动就是“立即开始”

许多人有一种惰性，做什么事情缺乏一种只争朝夕的精神。结果是“明日复明日，明日何其多！我生待明日，万事成蹉跎”。为了克服这种惰性，做事情应该雷厉风行，凡是看准了的事就立即行动。

耐克（NIKE）公司有一句很有震撼力的广告词，即：“动手做吧！”

耐克的成功与它的这种立即开始的精神有很大的关系。

耐克的创始人兼最高主管菲尔·耐特是一个喜欢孤独、有点古怪的人，别人问他问题，总以简单的几个字来答复。事实上，他绝不是个孤僻的人，他只是重视自己的隐私，宁愿听别人说话，而不愿自己喋喋不休。那句引人注目的广告词“动手做吧”正好反映出他的个性，也足以解释耐克为何能成为首屈一指世界级的运动用品公司。

耐克公司正式成立于1972年。其前身是由现任NIKE总裁菲尔·耐特以及比尔·鲍尔曼教练投资的蓝带体育公司。1978年，NIKE国际公司正式成立。NIKE鞋开始进入加拿大、澳大利亚、欧洲和南美等海外市场。1980年，NIKE进入中国，在北京设立了第一个NIKE生产联络代表处。

个人与企业一样，成就事业就应该“动手做吧”！

三、行动就是“把心里的想法说出来”

1979年，鄂西山区土家族子弟田贞见以全县第一名的好成绩被武汉大学生物系遗传学专业录取。可是，学生物不是田贞见的兴趣所在。对他来说，与其在实验室里解剖兔子，不如写小说更有意思。他每天脑子里想的、手上写的都是科幻小说。旧的教育体制往往是一榜定终身，校与校之间、专业与专业之间难以再调整。在痛苦多日以后，田贞见终于鼓足勇气，拿起笔向校长倾诉了自己内心的苦闷。刘校长没有责备自己的学生，相反却表现出一种特别的理解：“兴趣是成才的重要动力和诱因。没有兴趣的学习是枯燥无味的，是被迫的、是痛苦的、是少有成效的。”在刘道玉的关心下，这位“不愿解剖兔子”的学生终于被批准转入中文系。

田贞见同学转系的成功，不能不说是“把心里的想法说出来”起到了第一推动的作用。没有他“把心里的想法说出来”的行动，也许他的文学情结只好永远埋藏在心中。

四、行动就是雷打不动地"画"

人的行动容易受主客观因素的干扰,或中断、或放弃,造成前功尽弃。要使目标能得以实现,必须确保自己的行动雷打不动,天天如此。古人云:"苟有恒,何须三更睡五更起;最无益,莫过一日曝十日寒。"齐白石画的虾,栩栩如生,清润透明。他曾说"余之画虾已经数变,初只略似,一变逼真,再变色分深浅,此三变也……几十年才得其神"。正是雷打不动的行动准则才造就了他那炉火纯青的画艺。齐白石给自己定的规矩是每天作一幅画。在他过 90 岁生日的时候,因为客人多,没有腾出时间作画,就第二天多画一幅补上。

五、行动就是"喊"

谈到疯狂英语,我们自然而然地会联想到李阳。李阳成功的奥秘是什么呢?李阳的成功就在他敢于行动,他的行动可以简化为一个字:"喊"。李阳还把自己的"喊"最终变成了"狂喊"。

1986 年,李阳考进了大西北的兰州大学工程力学系。进大学后的李阳,生活没有出现亮色,第一学期期末考试中,李阳名列全年级倒数第一名,英语连续两个学期考试不及格。

很偶然的一次,李阳发现,在大声朗读时精神会变得特别集中,于是他就跑到校园空旷的地方大喊英语。为了防止自己半途而废,李阳约了他们班中学习最刻苦的同学每天中午去大喊英语,在兰州大学的烈士亭,李阳和他的同学顶着凛冽的大风,扯着嗓子大喊英语句子。他们从 1987 年冬一直喊到 1988 年春,每天,李阳的口袋里装满了抄着各种英语句子的纸条,一有空就掏出来念叨一番,从宿舍到教室,从教室到食堂,李阳的嘴总是不断地运动着。

1990 年 7 月,李阳从兰州大学毕业,被分配到西安的西北电子设备研究所,从宿舍到办公室,有一段黄土飞扬的马路,李阳每天从这条马路经过,手里拿着卡片,嘴里念着英语。起初他是孤独的,人人都称他"疯子",慢慢地,他的身后有了 1 个、2 个、3 个……同时,李阳每天坚持跑到单位的九楼顶上喊英语，躺着喊，跪着喊，跳着喊，冬天在雪花飞舞中喊英语；夏天，光着膀子，穿着短裤，迎着日出大喊英语。就这样，坚持每天在太阳出来之前脱口而出40个句子，喊了一年半之后，李阳的人生道理又一次走到了新的转折点。

六、行动就是不停地“写”

周濯街(1946—)，被称为神话大王。然而，周濯街仅仅读过5年书，已经出版长篇神话小说30余部，中短篇小说400余篇，并有大约20部长篇神话小说在台湾出版。现在他是中国作家协会会员、中国通俗文艺研究会理事、湖北省民间文艺家协会副主席。由于许多人对这个仅仅读过5年书的人成为“大作家”很不理解，于是便产生了不少传说与猜测，有人笼统地说他是自学成才，有人说作家嘛，无非是学出来、写出来的。他说：“只有我自己心里明白，我这个作家是妻子‘逼’出来的。”原因是他老婆先后设计了《文化报》《散文》《杂文报》三件退稿事件，它们的退稿内容分别是：

《文化报》：“周濯街同志：你的作品《偷牛者妻》收到，我们认为，作品虽有新意，但写得太散，建议修改后投天津《散文》杂志。”

《散文》：“周濯街同志，你的作品《偷牛者妻》收到，我们认真审读后认为，写得太杂，请修改后试投河北《杂文报》。”

《杂文报》：“周濯街同志：据报载，甘肃某地最近旱情严重，建议将大作寄去，以解其燃眉之急。恕我等直言，大作水分实在太多，挤不胜挤……”

在受到上述三次退信事件的强烈刺激后，周濯街发誓：“3年内如不能发表文学作品，本人将爬到《杂文报》社去！”从那以后，除了上班之外，周濯街便不分日夜地写，经常从下班开始写到凌晨两三点，有时甚至写到五点才睡觉，每天少则休息两三个小时，多则休息四五个小时，写得周濯街头发一把一把地往下掉。正是由于他的坚持不停的“写”，最终使他走向了成功，并成为文学界的神话大王。

……

正如上面所述,行动就是“迈出第一步”,行动就是“立即开始”,行动就是“把心里的想法说出来”,行动就是雷打不动地“画”,行动就是“喊”,行动就是不停地“写”……行动正是在经过具体的分解后成为可以操作的动作,从而使人们获得了成功。不论我们每个人是从事何种工作,只要从实际出发,认真分解好自己的行动,成功就会在我们的脚下延伸。

第五节　点头、微笑、跷拇指

在上一节可以看出,直接决定一个人成功与否的行动是在一个个具体的动作中展现开来的。成功心理学揭示人们在事业生活等各方面获得成功,80%在于成功地做人,20%在于成功地做事。而做人的关键就在于正确的人际交往。本节则主要介绍人际交往中的三大行动法宝:点头、微笑和跷拇指。

一、点头(Nod)

点头,是人际交往中的一个具有重要作用的非语言行为。点头,看来是一个极为简单的动作,但巧妙而且恰如其分地使用好“点头”往往可以使人际沟通取得更加良好的效果。

在此,首先需要了解“点头”的含义。点头,通常至少传递了对方两方面重要信息:一是“我在认真仔细地倾听您的发言”;二是“我认同与理解您刚才陈述的观点”。另外,点头还可以表达听话者对发言人的钦佩、赞赏等。其次需要了解如何“点头”。当对方说话时,把自己的眼睛不断地扫视对方,当目光正好相遇时,及时地向对方点点头,即暗示对方:我对你的发言很感兴趣,而且我一直在认真听。这里强调彼此目光相遇时进行点头,这是因为点头的目的在于向对方传递信息,而不是漫无目的地胡乱点头。与此同时,点头最好应在对方把一个意思陈述完整后再进行，不要让人感到此点头行为是虚伪的、机械的，甚至被感觉是毫无意义的。

二、微笑（Smile）

微笑是“笑”行为动作中的一种。法国一位叫让·诺安（Jean Nohain）的学者对笑行为做了不少研究，并编著了《笑的历史》一书，果永毅与徐崇山两人在 1986 年把此书翻译成了中文。通读全书后，可以总结出各种各样的笑，如冷笑、有礼貌的笑、微笑、不出声的笑、大笑、狂笑、善意的笑、恶意的笑、强笑、苦笑、阴笑、淫笑、皮笑肉不笑、傻笑、苦涩的笑、讪笑、奸笑、野兽般的笑、天使般的笑、窃笑、开玩笑、捧腹大笑、咧嘴笑、儿童的笑、大猩猩的笑、美国人的笑、中国人的笑、日本人的笑、澳大利亚人的笑、生理的笑、心理的笑、大众的笑、个体的笑……书中还谈到：《大百科全书》用了长达 1.76 米的纵栏篇幅来解释笑，而解释眼泪的篇幅只有 1.37 米长，疼痛一栏只有 0.35 厘米，而哭泣一栏仅仅 0.24 厘米。作者以此说明了笑的复杂性、多样性以及用途的广泛性。

笑一笑，十年少。这里讲的是笑对一个人自己的心身有很大的益处。不过，本节讲述的“微笑”强调的是人际交往中的一种亲近行为。

学会微笑和善于微笑，也是提高人际交往能力的重要内容之一。提高微笑的技能，适当了解一定的微笑知识是必要的。懂得微笑的内涵、微笑的原因、微笑的目的、微笑的技巧以及微笑的误区等，则有利于微笑能力的培养。

微笑，是一种不发声的笑脸绽放。微笑与哭泣是对立的表情，哭泣源于悲哀，而微笑源于喜悦。人们可以通过“惊讶、出乎意料、异乎寻常、对比”等方式产生逗笑的效果，引发微笑的机制。不管微笑是通过他人技巧所引发，还是自己主动迎合所致，其目的都是一致的，那就是增进交往者关系的融洽，促进彼此和谐相处。

微笑能力的获得，需要人们持久的行为训练。每天早晨起床后，便可以对着镜子微笑 1 分钟，每天 1 分钟的微笑会给我们带来一天的快乐轻松的好心境。学生白天听完课程前，也可以在打开书本之前对着主讲老师微笑30秒，30秒的微笑能培养我们一种感恩心态，同时培养自己平易近人的风格。在高校中，微笑能力的培养甚至成了一项主题性研究，如中国科技大学的微笑成长工作坊、“中国科大微笑在线”（http://smile.ustc.edu.cn）为主题的心理健康网站、以微笑冠名的“微笑晤谈咨询室”等在微笑能力培养中做得不错。微笑能力逐渐成了大学生良好心理素质的构成要素。

传递一份微笑，收获一份希望。让我们舒展自己平和的脸庞，参与到友好的微笑行动中来，在微笑中创建左右逢源的人际关系网络。

三、跷拇指（Thumbs-up）

如果说点头是一种对对方观点的被动接纳，微笑是两人的亲近交流，那么跷拇指则是对对方坦率与主动的称赞与表扬，并且表达了自己更加热烈的积极感情。

儿童心理学家告诉我们，跷拇指的行为动作如同招手、拍手等动作一样，是通过模仿的方式学习获得的，儿童在九、十个月时就可以训练招手、拍手和跷拇指的动作，必要时可以配以相关的语言。然而，绝大多数家长都教育过孩子如何向人招手致意（如表示再见等），也教育过孩子学习拍手（表示欢迎等），但很少有家长教育孩子跷拇指。如果错过跷拇指的学习，即使到了成年阶段也是可以弥补这一课的。学习跷拇指也就是学习赞美他人。

善于赞美他人的人，也容易得到他人的赞美，甚至获得的收益更多。正如跷拇指的手形所示，当我们给别人一个拇指，却有四个手指（食指、中指、无名指和小指）指向自己。

“点头、微笑、跷拇指”是人际交往中的三大行动法宝，但它们并不是仅有的三大行动法宝。它们只是比较典型的非语言行为，而且有助于人们思想交流的和谐与成功。除此之外，鼓掌、握手等也是在成功人际交往中值得训练的重要动作行为。

成功心理行为训练(10):微笑二四六八十

“微笑二四六八十”的团体活动设计目的是为了训练学生开展实际行动的能力,由此促进学生形成良好行动的习惯。此活动的开展程序为:

1. 活动以团体行为训练进行为宜。整个团体为 80 ~ 120 人,实际人数视具体情况而定。

2. 把整个团体按 8 ~ 10 人分为一组。如把 100 人分成 10 组,每组 10 人。

3. 在各个小组中自荐或他荐产生一名小组长,由小组长负责主持本小组的活动。

4. 小组成员固定,属于封闭型团体。

5. 每个小组成员在与同组其他任何单个成员交流时务必微笑“二”次(一次在开始讲话时,另一次在结束讲话时。如果进步比较快的同学还可以在讲话课程中向讲话人穿插两次微笑,总数为“四”次。对于注意力分配比较好的同学,还可以在对讲话保持四次微笑的同时,还能够与同组其他一位同学微笑两次,这样就可以达到“六”次了。以此类推,还可以把微笑扩展到更多的同学,从而形成“微笑八”“微笑十”等)。时间大约为 8 分钟。

6. 每一个成员利用 3 分钟的时间把自己的可行性微笑计划进行简单描述。

7. 小组长对所有成员的描述进行总结。

小组成员每人简述一下关于“微笑二四六八十”的体验,结束此次团体活动。

第十一章　能力的训练

在成功的影响因素中,80%的人认为能力的训练最重要。那么能力的训练具体又包括哪些呢?通常说来,能力可以分为一般能力和特殊能力。一般能力包括认知能力、情感调节能力、意志能力等,而特殊能力包括音乐能力、舞蹈能力、歌唱能力、武术能力、体育能力、绘画能力、雕刻能力等等。本章主要介绍一般能力的培养与成功的关系。

第一节　培养成功的多元智慧

成功需要能力,能力铸就成功。

但是,能力不是单一的,而是多种多样的。一个人要获取成功,需要的能力是多元的,其中包括观察能力、记忆能力、思维能力、想象能力、分析能力、综合能力、收集信息的能力、应对逆境的能力、管理时间的能力、管理金钱的能力、口头表述能力、动手操作的能力、写作的能力、人际沟通的能力、组织协调的能力等等。本节将简要介绍多元智力的基本理论,同时通过一些实例来阐述促进个体成功的多元智力的培养。

一、多元智力的基本结构

要培养提高自身的能力,首要的事情就是要明确能力的内涵及构成。关于智力的理论很多,从二因素智力理论到群因素智力理论、从三维智力理论到三元智力理论，心理学家对智力的结构进行了广泛的探索，不过目前最新的而且比较为大众所接受的智力理论还是加德纳的多元智力理论。

1983 年，著名的发展心理学家、哈佛大学教授加德纳（Howard Gardner）出版了《智力的结构》（*Frames of Mind*）一书，其中提出了关于智力结构的新理论——多元智力理论（The Theory of Multiple Intelligences）。多元智力理论认为，就智力基本结构来说，智力是多元的——不是一种能力而是一组能力，而且这组能力中的各种能力不是以整合的形式存在，而是以相对独立的形式存在。在《智力的结构》一书中，加德纳首次提出并着重论述了多元智力理论的基本结构。加德纳认为，支撑多元智力理论的要素是个体身上相对独立存在着的、与特定的认知领域或知识范畴相联系的七种智力。换句话说，个体身上相对独立存在着的、与特定的认知领域或知识范畴相联系的七种智力构成了多元智力理论的基本结构。

加德纳把构成多元智力理论基本结构的七种智力分别确定为：①言语——语言智力（Verbal-linguistic intelligence），指个体听、说、读、写的能力，表现为个人能够顺利而高效地利用语言描述事件、表达思想并与人交流的能力。言语——语言智力在记者、编辑、作家、演讲家等人身上有比较突出的表现。②音乐——节奏智力（Musical-rhythmic intelligence），指个体感受、辨别、记忆、改变和表达音乐的能力，表现为个人对节奏、音调、音色和旋律的敏感以及通过作曲、演奏和歌唱等表达自己思想和情感的能力。音乐——节奏智力在作曲家、指挥家、歌唱家、演奏家、乐器制造者和乐器调音师等人身上有比较突出的表现。③逻辑——数理智力（Logical-mathematical intelligence），指个体运算和推理的能力，表现为个人对事物间各种关系如类比、对比、因果和逻辑等关系的敏感以及通过数理运算和逻辑推理等进行思维的能力。逻辑——数理智力在侦探、律师、工程师、科学家和数学家等人身上有比较突出的表现。④视觉——空间智力（Visual-spatial intelligence），指个体感受、辨别、记忆、改变物体的空间关系并借此表达自己思想和情感的能力，表现为个人对线条、形状、结构、色彩和空间关系的敏感以及通过平面图形和立体造型将它们表现出来的能力。视觉——空间智力在画家、雕塑家、建筑师、航海家、博物学家等人身上有比较突出的表现。⑤身体——动觉智力(Bodily-kinesthetic intelligence)，指个体运用四肢和躯干的能力，表现为个人能够较好地控制自己的身体，对事件能够做出恰当的身体反应以及善于利用身体语言来表达自己思想和情感的能力。身体——动觉智力在运动员、舞蹈家、外科医生、赛车手和发明家等人身上有比较突出的表现。⑥自知——自省智力(Intrapersonal intelligence)，指个体认识、洞察和反省自身的能力，表现为个人能够正确地意识和评价自身的情绪、动机、欲望、个性、意志，并在正确的自我意识和自我评价的基础上形成自尊、自律和自制的能力。自知——自省智力在哲学家、小说家、律师等人身上有比较突出的表现。⑦交往——交流智力(Interpersonal intelligence)，指个体与人相处和交往的能力，表现为个人觉察、体验他人情绪、情感和意图并据此做出适宜反应的能力。交往——交流智力在教师、律师、推销员、公关人员、节目主持人、管理者和政治家等人身上有比较突出的表现。

加德纳的多元智力理论具有很强的实践性，它大大地促进了人的智力的培养工作。在加德纳的多元智力理论的指导下，在美国还产生了数以百计的多元智力学校，从而使智力培养工作成为一个可操作性的社会事业。

事实上，多元智力理论并不是完美无缺的，在实际培养多元智力的过程中，我们还要结合自身的特点来把多元智力的基本结构进一步组合和搭配，以便与我们日常生活中的能力概念相吻合，这样可以使我们的多元智力培养更加有效。下面列举的收集信息的能力、发现问题的能力、尝试创造机会的能力等从本质上而言都是上述多元智力在具体结构方面的整合。

二、收集信息的能力

人们现在获取信息的途径很多,但如何在最短的时间内获取自己所需要的信息就成了现代必备的能力之一。下面介绍几种成功地收集信息的途径,成功地收集信息往往就能使人更快地走向成功。

(一)从微信公众号收集信息

微信公众号又称微信公众平台,简称公众号,实质为“媒体平台”,个体或群体组织依此开展自媒体活动。

通过微信公众号人们不仅可以发布信息,还可依此收集获取自己所需的专业信息及服务信息等。如公众号“心理委员及朋辈辅导工作平台”就是关于全国心理委员工作的平台,人们从中就可以收集到全国百佳心理委员的信息资料以及“全国高校心理情景剧大赛”的信息资料等。

(二)从短视频平台收集信息

近年来,短视频社会交流平台发展非常迅速,如抖音、小红书等,很受大学生欢迎。通过这些社会交流平台,人们可以快速地获取各种生活知识、专业知识以及社会知识等,丰富个人阅历与开阔个人视野。

(三)从谷歌(google)与百度(baidu)中搜索信息

1998 年,美国斯坦福大学两位博士生拉里·佩杰(Larry Page)与布林(Brin)创办了一个以“谷歌(google)”为名的搜索引擎。通过“谷歌”,人们在国际互联网上可以非常快速地获取自己想要的资料。福布斯发布的 2023 年全球顶级网站统计数据显示,互联网上有 11.3 亿个网站,但 82% 处于非活跃状态,其中活跃网站约有 2 亿个。怎样才能从如此大量的互联网站上快速获取自己所需要的信息呢?

早在 1999 年,李彦宏创建了“百度(baidu)”搜索引擎。这个搜索引擎增加了人们获取互联网信息的又一途径。

记住这两个重要网站:

http://www.google.com

http://www.baidu.com

譬如,按照上述方法,我搜索到了 2023～2027 年全美心理学年会会址及会期的相关信息:

2023 年:华盛顿(Washington D. C.),August 3～5,Thursday～Saturday

2024 年:西雅图(Seattle),August 8～10,Thursday～Saturday

2025 年:丹佛(Denver),August 7～9,Thursday～Saturday

2026 年:华盛顿(Washington D. C.),August 6～8,Thursday～Saturday

2027 年:旧金山(San Francisco),August 12～14,Thursday～Saturday

这些信息对于一个具有国际视野的心理学专业人士而言是可利用的宝贵信息。

除了上述三种通过电子计算机获取信息的途径外,还有很多其他途径可以帮助我们去共享信息,如网上数据库、图书馆与资料室的书籍、阅览室的中外杂志、数以千计报刊以及萦绕我们生活的电视和广播节目等等。它们都是我们不可忽视的获取信息的载体。

三、发现问题的能力

成功不仅需要很强的收集信息的能力,还需要从收集的信息中发现问题的能力。

雅虎公司的创始人杨致远有一句有关成功的名言:真正要成功的话,第一是要找到自己很热爱的一个题目。从成功心理学的视角来说,杨致远的名言既体现了目标的选择问题,又涉及自我兴趣的认知问题,因为只有有了明确的题目——目标,而且是热爱的,换用心理学的用语就是"有兴趣的",这样才能保持旺盛的与持久的动力。

杨致远,出生于台湾,在加利福尼亚州圣何塞长大。他是斯坦福大学(Stanford University)电气工程学理学士和理学硕士,目前是斯坦福大学电气工程学博士学位候选人。1994 年 4 月他与大卫·费罗(David Filo)一起共同创造了雅虎互联网浏览导引,并于 1995 年 3 月与他人共同建立了雅虎公司(Yahoo Inc.)。作为媒体工业的一支主导力量,杨致远指导着雅虎公司成为全球访问人数最多的网站以及互联网中最为人认同和接受的品牌。作为雅虎公司董事会成员之一,杨致远与公司的总裁和首席执行官紧密合作来发展公司的业务,并指引公司未来的方向。

雅虎公司是一家重要的全球性互联网媒体公司,为全球范围 8 000 万用户提供包括综合信息、通信和购物服务的品牌性网络。作为第一个网上浏览导引(http://www.yahoo.com)成为流量、广告、家庭以及商务用户方面最主要的导引工具;它同时也是与互联网有关联的最为人们接受的品牌之一。雅虎的办公室遍布欧洲、亚太地区、南美洲、加拿大和美国。其总部设在加利福尼亚州克拉拉市。2021 年 11 月 1 日起,用户无法从中国大陆使用雅虎的产品与服务。

雅虎公司的成功源于杨致远对互联网浏览导引的题目的发现。培养发现自己感兴趣的问题的能力有助于我们获取成功。

四、尝试创造机会的能力

成功者除了要有发现问题的能力外,更重要的是能够在发现问题的基础上有独特的解决问题的能力,在解决问题的过程中需要积极发挥主观创造性。

机会并不总是要等待别人恩赐,而是要自己去创造。人与人之间的交往有时就是一句话,你说了,成功就会因此而降临。你沉默寡言,机会就从我们的身边悄悄地溜走。

20 世纪 60 年代的香港,在石硖尾半山水屋区有一家人:母亲早已不在,父亲做苦力,从早做到晚,也不能使 6 个孩子得到温饱。最大的儿子陈荣光小学毕业后,决心要继续学业,但父亲却想让他辍学工作,减轻家里负担。在陈荣光的苦苦哀求之下,父子终于达成一项妥协:父亲继续独自挣钱养家，再辛苦也不会要陈荣光停学工作，但是读书的事，陈荣光必须自己想办法，一分钱也不能指望父亲供给。

陈荣光不仅有志气，更有勇气，他走到西环山腰的一所名校，几经辛苦，终于见到了神父校长，说出他渴望读书的苦心，还告诉那位校长他是能够决定他一生的人。校长被他感动了，给了他一个免费的中学学习机会，并且安排高班同学给他旧书及文具。读书的事总算有望了。此后，陈荣光每天早上4点30分起床，步行下山，到附近的菜市场捡地上菜贩子抛掉不要的枯黄破碎菜叶，可得两箩，卖得两毛钱。他用一毛钱乘坐小轮过海，步行上山上学。如果哪天他实在太饿而忍不住用余下的一毛钱买个面包充饥，那天他便面对一个难题：下课后如何渡海返家？陈荣光就是在这种艰难中度过了自己的中学学习生涯。

陈荣光以优异的成绩中学毕业，并获得外国一所大学的奖学金和同学们的帮助出国继续学业。大学毕业后返回香港，回到家里，见到邻居一个年龄与他相仿的青年，正在以干苦力为生。什么使得他与邻居青年的命运不一样？是命运控制他还是他改变了命运？是他抓住了机会还是自己创造了机会？

创造机会需要一定的勇气，也需要一定的智慧。大学生应该在日常生活中注重这一能力的培养。不过除了收集信息的能力、发现问题的能力、尝试创造机会的能力的培养外，对语言能力、实践能力等的培养也至关重要，在此不逐一列举。

第二节 生存能力是第一能力

当人们按照观察能力、记忆能力、思维能力、想象能力、言语能力以及操作能力等内容来培养个体智慧能力时，我觉得大学生更应该注重生存能力、自理能力、防骗能力、学习能力、创新能力、合作能力、领导能力、适应能力、调节能力、讲演能力、实践能力、耐挫能力、时管能力、计划能力、协调能力、社交能力、理财能力、决策能力等等。其中生存能力是大学生需要培养的第一能力。

一个大学生如果自我生存都无法得到保证，那么他的其他能力也就无法展示出来，至于服务他人、服务社会也不过是一句空话。

培养生存能力，就是要培养良好的生存观念。其中包括提高生存价值的自我意识能力、生命质量的提高能力、生命风险的回避能力等。

下面我们来看看依文集团董事长夏华的创业故事。

夏华是中国政法大学的校友。现任依文集团董事长、依文？中国手工坊创始人、中英企业家联合会主席、中国企业家俱乐部理事、中国服装协会副会长，全国“五一劳动奖章”获得者、全国“三八”红旗手、全国巾帼建功标兵。她相继被评为《福布斯》“最具影响力的企业家”“中国经济女性年度人物”“中国商界风云人物”“影响百姓经济生活的十大企业家”。

夏华回顾自己的奋斗经历时说，她最初从学校辞职决定下海经商，离开了学校的安稳生活后，首先面对的就是如何生存的问题，当时住宿、吃饭就成了生存的第一需要。她辞职后的第一份职业是在西单商场做售货员，晚上就找同学借住或到火车站去住宿。当时她听到了不少闲言碎语，受人冷眼，甚至父母也不理解她。获得生存空间与提升生存能力，是每一个创业者都要面临的现实问题。夏华用自己敏锐的观察、坚强的意志与乐观的精神，度过了创业初期的艰难岁月，在特定的时代里不仅站稳了脚跟，而且得到了持续的发展。她的一段回忆总结“自己一旦认准的事便会倾尽全力，不成功便成仁，旁人的冷言冷语于我皆如浮云”，很值得大学生们去深思。

生存能力是每一个人都可能面对的问题，不管是品德高尚的人还是道德败坏的人。下面以马加爵为例进行简述。2004 年 3 月 9 日的兰州晨报在报道中谈到：“马加爵具有很强的生存能力”以及“马加爵能吃苦”等。一位同学告诉有关记者，除了在农村里长大外，马加爵在学习生活中也有着极大的吃苦耐劳能力。他在没钱的时候曾到搬家公司干过苦力，而最困难的时候买两个馒头就能过一天。而在案发后，警方还从马加爵的电脑里发现了一些线索。据说这台电脑是马加爵以1500元从同学那里买来的旧电脑，电脑中除了储存有大量的暴力凶杀、恐怖影片外，还下载有许多野外生存技巧的知识。不过，我们要明确，生存能力不仅仅是生存技巧的问题，它还包括生存的价值等，而马加爵的生存价值是受到质疑的。

一、学会在紧急情况下生存

在日常学习、工作、生活中有时会碰到各种危及生命、财产安全的紧急事件，如地震、火灾、煤气中毒、煤气爆炸以及溺水等等，学会在紧急状况下的生存技巧和能力，可以避免或减少生命及财产的损失。

加强对学生在紧急状况下生存能力的教育，既普及了有关自然灾害、突发事件的基础知识，同时也教会了学生应付紧急事件的能力和技巧，寓教于乐中教会学生知识，培养学生的能力。

二、学会在集体环境中生存

在当今的各类学生中，独生子女几乎超过半数。这些独生子女们在家庭中常常得到无微不至的关怀，备受宠爱，因而也容易导致他们唯我独尊，不关心别人，不能忍让包容他人。而作为独生子女，他们又很孤独，愿意与人交流，渴望获得友谊。但在集体中他们却会为做卫生等一些小事闹矛盾，同学关系并不融洽。针对他们集体生活中的诸多困惑，应该通过多种途径让学生深刻理解人的社会性，发自内心体验到完全孤立的人是无法生存的。与他人和睦相处是现代社会一个人获取成功的重要品质和社会生存能力之一。

三、学会在逆境中生存

生活不是一帆风顺的，学生同样也面临着很多问题，学习压力、同学间竞争和矛盾、家庭的变故（包括父母下岗、亲人的故去）等等，这些问题可能使他们晴朗的天空蒙上阴云，焦虑、失望、悲痛。而每个学生承受挫折的能力又是不同的，如果问题得不到及时解决，就有可能造成他们情绪消沉、抑郁、自卑，甚至发生一些极端行为。

天将降大任于斯人也，必先苦其心志，劳其筋骨。不要惧怕困难，困难是试金石，困难是人生成长的补钙剂，克服困难才使人变得更坚强。在未来世界更具有竞争力，经历风雨之后才能见彩虹，最终成功地实现自己的梦想。

一个人如果具备了在紧急情况下、在集体环境中、在逆境中的生存能力，那么这就为他在以后的人生道路上取得成功提供了必要的物质基础。

第三节　防骗能力——成功道路上的安全网

当我们翻阅报纸、观看电视、浏览网页以及与人交流时，常常见到的一个话题就是现实社会中的骗人行为与被骗行为。一个在为美好的目标与理想而奋斗的人，因受骗上当常常会使其生活或事业陷入困境，甚至遭受彻底的失败。

——2004年7月26日，一名21岁的女大学生，被自己高中时的一位女同学以招生为名骗到周至后，该同学又伙同一男子将女大学生骗至周至山中，该男子将女大学生强奸并拍下裸照，以此要挟强迫其卖淫。女大学生寻找机会逃出魔窟向警方报警，而在逃的犯罪嫌疑人居然以公布裸照为名威胁女孩家人给其汇款。

——一高校大四学生X收到一个陌生手机号码发来的短信，短信中告诉他有一个快件由于地址不详而无法寄达，同时提供了一个本地的电话让他咨询。X认为该快件可能是最近找工作时的招聘单位发来的，因此当即拨打了短信中提供的电话。当电话拨通后，对方告知X包裹里有毒品，需要他配合处理。已有部分大学生收到此类短信被骗，因此收到此类短信后请及时报警。

——一高校女大学生Y看中了淘宝上的一条裙子，在谈好成交价格后，卖家发给她一条支付链接，让她付款，Y点开此链接后没发现异常就付款并确认支付,但一直支付不成功。此时,卖家提示多刷新几次就可以支付成功,Y刷新了很多次但一直支付不成功,然后就下线了。次日Y发现其银行卡里少了近3 000元,后来她发现原来每刷新一次就是一次支付,从而被骗。请大学生对网络支付中的支付链接要多加小心,如果发现支付异常请及时进行处理。

——南昌市一高校在校女本科生黄某,通过某拍卖网站在网上大发"出售手提电脑"的虚假帖子,使得南京一高校在读博士生小徐上当受骗,并被其骗走现金4 500元……令人吃惊的是,黄某在成功骗得对方4 500元后,还回帖子告诉小徐他上了她的当,并对小徐大加挖苦和讽刺,还假惺惺地劝小徐"千万莫要再做猪了……"

——女大学生阿芳因沉迷网恋被骗。2001年8月18日,"养剑"再次来到河源与阿芳相见,两人吃过晚餐后去逛街。期间,"养剑"花600多元钱买了一枚金戒指送给阿芳。阿芳如痴如醉,许愿要把自己的一切交给他。当晚9时多,"养剑"说在河源有笔生意要做,叫阿芳先回家,他去洽谈生意。阿芳回家后约一个多小时,"养剑"给阿芳打来电话,说这笔生意如谈成,可赚2万元,他带的本钱不够,还差4 000元,请阿芳帮忙解决。阿芳当即答应,拿出藏在书柜里的4 000元压岁钱,送到"养剑"手上。"养剑"接过钱,对阿芳说:"明天一早我打电话与你联系。"

——陪"老板"吃豪华宴,受骗欠下5 000元。2004年8月28日中午,10名受雇发放宣传单的大学生被慷慨的"老板"请到江苏省通化市一家星级豪华大酒店用餐,该"老板"不但为他们点了价值2 000余元的饭菜,还以送礼为名从酒店拿走10条芙蓉王香烟,同时还以手机没电为由"借"走两名大学生的手机,并提前离席。大学生们迟迟不见"老板"回来,面对5 000余元的高昂费用,顿然醒悟之余大呼上当。

行骗与被骗作为一种社会现象是客观存在的,除了通过社会综合治理与提高社会成员整体素质可减少有关现象之外,那么我们有没有一些可行的成功的防骗方案呢?事实上,行骗者的心理与被骗者的心理都有一定的规律。

其一,行骗者为了实施行骗,总是遵循“先给予人小利,目的获取大利”。几乎天下的骗子都精通“予小取大”的规则。“先给予人小利”只是行骗者的手段,目的在于获取他人的信任。而信任往往是人们采取行动的基础。像上面所列举的一些例子中,“免费的金戒指”“便宜的贼货”以及“免费的豪华宴”等等都是充当“小利”的诱饵。因此,生活中坚信“没有免费的午餐”是练就识别骗局的火眼金睛的首要观念,同时遇事多一分思考也有助于识别“项庄舞剑、意在沛公”的局面。

其二,行骗者善于利用权威力量或大多数人力量进行暗示。权威常常就象征着一种特殊的信任,大多数人的观点也往往因为人们的从众现象而被人接受。因此,理智地分析对待权威与大多数人的观点,并结合具体场合与实际,也不难发现行骗者所设立的骗局中的破绽。

其三,动态地看待角色行为与身份行为,消除“刻板思想”。上面陈述的例子中,有一些就是利用自身角色如“大学生”“朋友”等来设置骗局的。面对这种行骗行为,则需要学会用变化与发展的观点来观察事物,在积极地看待他人与事物的同时,也适当地学会多视角的思考,这样对我们正确地行动多一分保障。增强防骗能力,也就是为我们成功的道路增添了一道安全护栏。

第四节 领导风范的渐成

提及领导,我们的脑海里便会出现民族领袖、国家元首或企业总裁等系列名词。因此领导一词总与尊严、权威相联系。其实,领导只是一种行为,一种依靠影响力引领大家跟随、共同完成一项工作、实现一个目标的过程。领导者常常是备受拥护与爱戴,是跟随者崇拜的偶像。

领导既是一种行为,也是一种能力。从行为的视角而言,领导行为在每一个人身上都可以体现出来,但领导行为的风范差别很大。同时我们要明确,领导风范是逐渐形成的,没有天生注定的领导行为。领导的风范、领导的素质以及领导的能力都是可以通过训练得以提高的。本节将通过西门子公司与飞利浦公司对领导能力的分解为例来增强领导能力训练的目的性。

西门子公司把领导能力的框架分为四方面：驱动能力、聚焦能力、影响能力、引导能力。下面对这四方面略加详述。

一、驱动(Drive)能力

驱动能力包括善于通过一个抽象的角度来思考问题，主动努力了解未来的需求；乐于接受新观念，根据新形势新任务不断应用和更新过去所学知识，提升自身能力水平；寻求经营方面的挑战，寻找快速的增长；寻找和发现机会，确定具有挑战性的企业目标；积极主动，确定项目目标，预见成功的可能性，并引导其走向成功；能够高效开展具有挑战性和革新意义的商务活动。

二、聚焦(Focus)能力

聚焦能力包括分析整体局势，确定复杂环境下问题的关键所在，并能提出多种预案选择；能站在他人的角度观察和思考问题；可以在具体问题上游刃有余，注意目标和效果的关系；进行具体、合理和有效思考；注意关键因素，利用合理的方法确定未来的发展趋势，调整并发展可靠的战略和计划；不管发生什么事情，都坚定不移地达到企业目标。

三、影响(Impact)能力

影响能力包括阐明组织对内对外的策略，积极争取获得他人支持；使他人接受或支持自己的观点；观察内部和外部的情况，利用他人的专业知识用于决策；创造可依赖的社会环境；能够与具有各种不同背景的伙伴合作；以一种可信的风格建立影响，激励他人，关心集体的利益。

四、引导(Guide)能力

引导能力包括有效与员工沟通，明确沟通方向；激发员工热情和动力,并为其创造发挥才能的有利条件;对员工的表现公平地给予赞誉;发现和培养员工的智力和潜能,使其得到理想的发展;展开不同的策略鼓动人心,增强凝聚力,创造合作的氛围,使集体的工作得到保障;理解和听取不同的见解,包括背后的意见,表明态度乐于接受;促进革新,鼓励技术更新和对未来的设想;按照目标和结构,在技术和时间方面有效协调使用人力资源。

而飞利浦提出的六大领导能力为我们的管理者能成为一个具有领导能力的管理者提供了一个可以触摸的方向。具备这些能力,我们的管理者能更好地平衡各方面的工作,领导所管理的团队更好地达成预期目标。这六项能力包括决策能力、关注市场风云变化、致力改善(寻找更好方法)、不断追求卓越(要求最佳表现)、激发团队凝聚力(激发投入)、发展自我及他人。

通过上面对领导能力的分解,我们就可以有的放矢地对领导能力进行训练与提高了。

第五节　能力中的现代五项(EQ、FQ、CQ、AQ、TQ)

在能力的训练中,现代心理学揭示了一系列表征能力的新方式,其中智商(IQ)、情商、逆商、财商等就是表示能力的新指标。智商,传统上仍是以语言能力与逻辑推理能力为核心的能力体系,本节对此不展开论述。本节仅对情商(EQ)、财商(FQ)、胆商(CQ)、逆商(AQ)、时商(TQ)等五个方面进行阐述。本书中,我把情商、财商、胆商、逆商及时商归纳为“能力中的现代五项”。具备能力中的现代五项,是现代人必备的心理素质,也是现代人走向成功的重要条件。

一、情商(Emotional Quotient,简称为EQ)

情商,目前仍然是一个有争议的概念。情商到底是什么?如何对情商进行测量?情商对一个人的成功是怎样产生作用的?诸如此类的问题并没有得到很好的统一。

本书中,我认为把情商界定为一个人对自身以及自身与他人之间的情感认知及调节的能力可能更为恰当。

一个人每天都在经历各种事件,这些事件又相应地会引起人们情绪的变化,喜怒哀乐由此点缀着人生的整个生活旅途。但是,喜怒哀乐需要适度,得意不能忘形、愤怒不能盲动、悲哀不能自毁……否则会伤心又伤身。对自我的喜怒哀乐等情绪状态进行感知并把它们调整到最佳状态,才能确保我们以最佳的心境去实现自己的人生目标。

2001年3月23日上午,我与南开大学保卫处的时队长等一起参加了天津市召开的严厉打击严重刑事犯罪宣判大会。天津市第一、第二中级人民法院依法对犯有杀人、抢劫、伤害、绑架、强奸等严重暴力犯罪、有组织犯罪、团伙犯罪、流氓恶势力犯罪和拐卖儿童犯罪等一批罪犯进行公开宣判,对一批罪大恶极、危害严重、不杀不足以平民愤的犯罪分子判处死刑,并押赴刑场执行死刑。我逐个地倾听着约50个死刑罪犯的判决结果,从中发现一个值得引起注意的重大问题:几乎每个死刑犯在杀人的刹那间都是处于一种极其冲动的状态,而且这种冲动状态在当时无法得到缓解。

因此,调节好愤怒这种情绪可以避免一些恶性事件的发生,也有利于人际关系的和谐。事实上,情商的提高不仅包括对愤怒情绪的调节,还包括对喜悦、悲哀等的调节。

二、财商(Financial Quotient,简称为FQ)

财商,实质就是一个人的理财能力。这里的“财”不仅指金钱(相当于“财务”),而且指财物。不过通常人们更加强调财务,而对财物往往忽视。

个人财务的管理,最重要的方面就是体现在个人对自身所拥有的金钱的分配使用能力以及创造个人所拥有的金钱数量的能力。简单地说,财务管理能力就是“创造增值金钱的能力”与“分配使用金钱的能力”两方面能力的组合。从心理学视角来说，财商涉及人们对金钱的认知与意识、对物价的比较观念、对购物折扣的决策、对投资成本的分析、对消费账目的记录归纳等，其中也涉及经济学的部分概念。财商，是心理学与经济学交叉发展形成的一个新概念。

个人对财物的管理，属于“财商”的重要内容之一。财物，本质上是财务的一种转化形式。当我们在商店、超市、集市等消费后，“金钱”变成了“实物”，“财务管理”就变为“财物管理”了。

生活中，人们对财物的管理往往容易忽视，其原因之一就在于家庭财物不便于流通，只有到了捐物、搬家、迁徙时，或抱着财物走进当铺时，财物管理才会向财务管理回归。

财物管理能力，除了增强对财物的价值认知意识外，还包括对财物的空间位置的管理，让家庭中现有的财物为我们的成长与事业成功发挥最大效益，而财商缺乏或较差者，却常常使得人们难以及时找到自己的财物甚至导致重复购物等现象。下面看一下某大学生 S 的财物管理。S 把自己的抽屉进行了清点，并贴于家庭电脑桌边的墙上：

电脑桌左柜上层：

各种笔、笔套（两个）、计算器、订书器以及订书针、胶水（两瓶）、修表工具盒、焊锡盒、大剪刀、手机充电器、备用眼镜（一副）、学生证、各种票据。

电脑桌左柜下层：

蜡烛（一根）、透明胶布（1 卷）、双面胶（1 个）、各类钥匙、书签、领带夹、账本、修理工具袋、社团活动胸牌、计算机网卡。

实现分类管理，张贴财物清单，可以帮助提高一个人的财商。

三、胆商（Courage Quotient 简称为 CQ）

胆商，就是一个人的处理事情的勇气与胆略的度量。

生活中，我们总会面临着一些让我们处于不利的事情，当我们不希望它们发生时，这些事情给我们带来的心理上的感受就是恐惧。恐惧感在每一个人身上都会发生，学生们在考试前对考试结果的恐惧、寻找工作时对不能被聘用的恐惧、商人对产品滞销的恐惧、工人对失业的恐惧、病人对死亡的恐惧、产妇对生产阵痛的恐惧、农民对洪水或干旱的恐惧、教授对科研研究成果鉴定的恐惧、市民对食品被污染的恐惧……

恐惧人人有，恐惧天天在。但是，战胜恐惧仍然是有很多可行方案的。战胜恐惧，就是要培养一种积极的胆略，也就是要培养一种良好的心理素质。

四、逆商(Adversity Quotient，简称为 AQ)

我们可以把日常遭遇到的事情从是否阻碍人们的发展这个维度来进行区分，当阻碍人们发展的事情降临于具体的个体生活中时，这就构成了人生的逆境。

如何看待逆境以及如何应对逆境等都是成功心理学的重要内容，第十二章将专门对逆境进行透视。

五、时商(Time Quotient，简称为 TQ)

时间作为一种无形但又宝贵的资源已经引起现代人的足够重视，对时间的运筹与实际使用能力已经成了现代人获取成功的重要本领之一。时商，就是综合衡量一个人的时间处理能力的心理品质。

对于时商的全面分析将在第十三章展开。

情商、财商、胆商、逆商及时商，只是现代能力中的很重要的五部分内容，但它们不是现代能力中的全部。在个人能力的培养过程中，针对各种不同职业的具体特点，除了培养成功的多元智慧外，还应该培养适合自身的特殊能力。如一个心理咨询师除了培养上述各种能力外，还应该培养尊重、温暖、真诚、通情达理、积极关注、亮点鼓励、具体化、内容表达、情感表达、解释、沉默、多话、依赖、移情、阻抗处理、非语言交流、问话、重复、内容反应、情感反应、解释、团体控制、面质、指导等各项特殊能力。

成功心理行为训练(11):校长上任前的30天

“校长上任前的30天”的团体活动设计目的旨在针对训练和提高学生的各种能力,通过假想自己要担任本校校长,让他去构想自己应具备的能力,并有针对性提出计划、开展训练。同时在小组中就训练计划进行讨论。此活动的开展程序为:

1. 活动以团体行为训练进行为宜。整个团体为80~120人,实际人数视具体情况而定。

2. 把整个团体按8~10人分为一组。如把100人分成10组,每组10人。

3. 在各个小组中自荐或他荐产生一名小组长,由小组长负责主持本小组的活动。

4. 小组成员固定,属于封闭型团体。

5. 每个小组成员都应该设计一份校长就职前的准备方案,对自己的能力进行一次大扫描,并有的放矢地提出能力训练方案。时间大约为8分钟。

6. 每一个成员利用3分钟的时间把自己的能力训练方案进行简单描述。

7. 小组长对所有成员的描述进行总结。

小组成员每人简述一下关于“校长上任前的30天”的体验,结束此次团体活动。

第十二章　透视逆境

在上一章的能力的训练中，已经提及到战胜逆境是一个现代人获取成功的五项重要能力之一。本章将从逆境的分类入手，逐步深入到逆境的应对，从成功心理学的视角对逆境进行一次全方位的透视。

第一节　逆境面面观

在分析逆境前，首先需要对"逆境"有一个明确的了解。我在大学生中做过一个开放式的调查，调查的题目是：在你以往的生活中，你所遇到的给你留下深刻印象的最大逆境是什么？你是怎样度过此逆境的呢？下面我先列举其中的部分回答：

（每个学生的回答分两部分，第一部分为该学生遭受到的最大挫折，第二部分为学生度过相应逆境的方式，这部分的内容放在括号之中。）

——环境学院小孟：我曾经因病休学一年。（那一年中我努力调整自己的心态，使自己乐观地面对困难，和病魔抗争，最后我挺过来了。）

——建筑学院小凌：和别人打架输了。（努力锻炼，增强体魄。）

——电信学院阿宏：高考的希望与分数差距较大，选择了天大后比较失落。（仔细认真地了解了天大后发现天大还是不错的。）

——计算机专业的恺恺：最大的挫折是中考失败，我一直以此激励自己，希望在高考中取得好成绩，可还是失败了，郁闷，来到了这个本不该来的城市。（目前还没有度过这段时期。）

——管理学院晓军：在高中时，没找到女朋友（没有合格的）。（看着别人出双入对，心理很不是滋味，但来到大学后，我才感觉到我很幸运，没有浪费我的高中生活，没有荒废我的学业，那段日子里，我是用所有的时间去学习。）

——高层次班小吴：回顾过去，我所遭受的最大挫折就是高三的二模测试时，我从年级的第一掉到了年级的第三之后，同学、朋友以及父母的同事对我的冷嘲热讽。（其实，我并非不努力，而是因为那段时间里学习时间太长，每晚要熬到三点半才睡，以致学习效率低下。所以，我并没有理睬别人的风凉话，而是在父母的指导下调整了作息时间，迎头赶了上去。）

——工业工程专业的琳琳：最大挫折是升入高中后第一次期中考试数学不及格，导致年级排名落后，一度想退学。（经过老师和家长的鼓励、同学的劝导，终于摆平心态，期末考试取得了优异的成绩。）

——影视学院阿棠：父母离婚。（慢慢地就习惯了，什么事都看开了，然后就觉得其实没什么了。）

——动画系学生伟伟：画画的时候，没有感觉，一笔也画不出来的时候。（首先静下心思考，寻找原因，看别人画得很好的画，然后自己再多画。）

——机械学院小蒋：高二时的期末考试全班倒数第四。（那段时间，我尽量不让自己想起这事，偶尔想起，我就告诉自己，意外是正常的，那仅仅是一次意外而已。）

——电信学院楷哥：中考数学不及格导致落榜。（先是后悔、抱怨，然后沉默，最后忘却。也可以说是先找客观借口，再分析主观原因，最后时刻牢记这个教训，不再犯同样的错误。）

——软件学院曲曲：高二时，屡次考试皆败，人生陷入低谷，对自己失去信心，想逃避，不想继续读书。（后来想通了，重在努力提高自己，而不盲目与人攀比。人一生的道路，是自己走出来的，要不断自强，人生中正因为有了许多失败挫折，并克服了它们才会艳丽多姿，才会有意义、有意思。）

——化工学院嘉美：大挫折没有，小挫折不断。（一般用睡觉的方式予以解决，实在不行，多睡几天，总有一天会海阔天空。）

——材料学院学生宁玉：中考那年我考了451分，不能上我们县的重点中学，若要自费需要交9 000元自费生培养费，所以当时我很后悔没有好好学习，后来，爸妈借钱帮我交了学费。（我很高兴也很内疚，所以整个假期我就去打工了，赚到200元。）

——机械设计制造专业平平：高考前的模拟考试成绩下滑五六十名，郁闷彷徨，再加上对一个女孩子产生好感，心无法静下来。那段日子真的很苦，“长此以往，人将不人”。（于是我把所有的一切都调整到学习上来，当然，日子还是很苦的，就这样，终于熬到高考。成绩出来了，我考得还很理想，我坦然走过了那个挫折时期。）

——精仪学院学生华华：报考志愿时，觉得自己所选的专业不好。（自己安慰自己，找同学聊天，打电话，努力使自己忘记。）

——土木专业阿鹏：没有考上自己理想的大学。（平静！！！考研时再努力。）

——软件学院学生亮亮：父母不和。（被动地过活，任时间侵蚀一切。）

——通信专业晓晶：我最亲爱的人——奶奶的去世。（在那段时间里，爸爸妈妈掩饰住自己的伤痛来安慰我，亲戚们也非常关心我，告诉我奶奶不会希望看到我悲伤的。同时，我也冷静思考，知道人死不能复生，慢慢地就接受了这个事实。）

——电信专业东东：高二时，因为恋爱，导致成绩直线下滑，从班里的前几名下滑到二十多名，当时心理负担特别重。（我仔细地检讨了一下自己从前的行为，然后重新树起了信心，暂时搁置了感情，以学业为重，经过一段时间的努力，终于又将成绩恢复到了以前的水平。）

——机械学院阿娜：中考之前的一个竞赛，如果考入全盟前30名就可以免试进入盟里的重点高中，但由于我太紧张，未能发挥出应有的水平，只考了第35名。当知道结果后，距离中考仅有一个月的时间。（我把挫败感转化成为冲刺中考的动力。应该说，挫折让我更加认识了自己的心理劣势，最终克服了这些劣势。）

——机械学院云雨：高考“落榜”，因几分之差未能考入重点大学，而只进入一所普通大学。（开始是痛苦，接下来就是做出艰难的选择，我选择了复读，面对各方面的压力，我学会了坦然面对，所以复读那一年我认为自己收获了很多。）

上面所述的大学生们所经历的逆境大都表现在“考试”失利方面，也有部分表现在亲情友情爱情等不和谐方面。事实上，除此之外，各种天灾人祸也会使人遭受各种逆境。如每年几乎都有10万人死于车祸，可谓交通事故猛于虎。其中2001年我国因交通事故死亡人数达到了105 930人，伤546 485人，2002年因交通事故死亡109 381人，2003年因交通事故死亡104 372人。2021年我国交通事故死亡人数55 950人，伤214 442人，2022年因交通事故死亡61 703人，伤25万余人。数百万家庭因交通事故而遭受逆境。

当逆境降临于我们面前时，我们通常都会自觉或不自觉地采取一定的应对方式。以上列出的22名学生所回答的逆境以及他们应对的办法就有不少是可取的，值得效仿。但是，不是所有方式都是可行的或妥当的。下面再看看一位母亲的应对办法：

有一位母亲下岗了，她没有勇气把真相告诉正在读初中的儿子。原因之一是，她觉得这事太“残酷”了，担心儿子经受不住这种刺激；二是怕儿子知道母亲下岗，会瞧不起自己，从而丧失母亲在儿子心目中的威信；三是儿子快要参加升高中的考试，怕影响他的情绪。为了“掩儿耳目”，下岗后，她还像往常一样，表面很平静，家里什么事也没有发生一样，每天佯装在继续上班。上班时间照常离开家，然后，上公园或商场闲逛，消磨时间，到下班时间准时回家。

事实表明，上述应对方法是不可行的。纸毕竟包不住火，这位善意的母亲的善意行为还是被儿子发现了，结果是母亲的欺骗行为既没有使家庭经济状况得以改善，又伤了儿子的情感。如果母亲主动向儿子解说，并努力去寻找另一个适合于自己的职业，既解决了家庭的经济来源，又让儿子体会到了生活的艰辛，最终结果是双赢。因此不合理的应对逆境的方法，会使双赢变成两败俱伤。

第二节　笑待逆境

逆境人人都会遇到，但有的人因此沉沦，有的人能笑待逆境，并拼搏崛起。能够坦然并理智地面对逆境者，才能获得成功，实现自我意志的自由。本节给出三个身体遭受损伤甚至残疾者在逆境中真实生活的例子，他们笑待逆境的经历一定会感染相关读者，也让他们的脸上绽开欢欣的笑容。

一、创造脚趾替代手指的奇迹

弗朗西斯科·布西奥，他是墨西哥的一个整形外科医生。在 1985 年 9 月中旬的一次大地震中，他被埋在原来 9 层高的医院宿舍的瓦砾中。3 天后，被救出来时他的右手坏死了，需要切除 4 个手指，只有拇指能够保留。对一个整形外科医生来说，这与被判死刑差不多。

但是，布西奥没有气馁。同年 12 月他飞到美国旧金山市，找到一位高明的显微外科医生，研究把双脚的第二趾切下，移植到右手充当无名指和小指。1986 年 3 月，布西奥接受了这个大手术，手术历时 10 多个小时，终于成功。他的期望是日后再用这只手进行复杂精细的整形外科手术。

由于他努力不倦的练习，手术后不到两个月，布西奥便能够为访客签名留念。手术后 6 个月，他终于成功地完成受伤后第一次整形外科手术。

1987 年 2 月,也就是大地震后 18 个月,布西奥恢复了一个正常整形外科医生的全部能力。

布西奥记得为他做脚趾移植手术的彭克医生给他的鼓励:“你的手能康复到什么程度,要看你需要它做什么而定。需求越大,手的本领就会越强。”

我们每一个人的头脑、身体也是一样,它们可以做到的极限,完全取决于我们需要它们做什么:需求越大,它们的本领就会越强。

二、自学 7 门外语的残疾人

有一个可怜的生命,自降临人世后不久就得了小儿麻痹症,他叫刘士钺。刘士钺的父亲是高级知识分子(高工),早年留学美国,但由于当时时代的关系,父亲被当成“反动学术权威”绑走,不久,母亲在 1965 年去世,他自己只有失学在家。由于家庭成分等方面的因素,刘士钺不能像正常的成年人一样参加大学考试进入大学学习。20 世纪 80 年代后,尽管父亲得以平反,但很快他自己又不幸于 1983 年 2 月摔断了腿,父亲也在 1983 年 6 月病故,祸不单行,生活雪上加霜。

但是他不断地以吴运铎与保尔·柯察金等激励自己,使自己自强不息。刘士钺坚持自学各种书籍,特别是自学了 7 门外语,其中英语达到了较高的水平,德语也能够口译、笔译,对法语、俄语、意大利语、拉丁语以及西班牙语也具有一定的水平。

残疾人刘士钺还有一个重要成绩是,他用英文写成的声乐考古论文受到国际上的高度重视。论文证明中国早在 7 000 年前就有了骨笛,比世界其他国家早 3 000 年,并把中国 5 000 年的文化史向前推进了 2 000 年……

然而,1986 年刘士钺在由于论文得到国际会议的邀请参会时,出国之路又受到一些阻拦。尽管在刘士钺出国问题上,我国政府、天津市外办等单位都是采取积极态度的,眼看出国手续就要办成了,却偏偏在握有芝麻大小权力的人手中受到了阻拦。区外办一个工作人员就是迟迟不给办理手续，而且带着鄙夷的神情和口气，无理地向刘士钺提出了令人莫名其妙的问题，如“你知道有几个中国吗”等。

刘士钺能够坦然面对生活，扼住一次次降临于自己的不幸命运之咽喉，一次次地站起来，乐观面对生活。刘士钺还总结了自己战胜逆境、获取成功的人生八字秘诀：苦读、专心、持久、守时。

苦读：任何困难都是可以由勤奋加以征服的，它可以使愚蠢变成聪明。苦读增长智慧。

专心：我在做任何事情时，总是特别专心，能在一定时间之内集中心力于一件事情上面，并且努力排除其他的一切杂念。

持久：天天坚持学习七门外语和自学音乐课程。遇苦难时，学会以“滴水长流，可以穿石”的精神和毅力同苦难和逆境相抗衡。

守时：到学习的时间就学习好，到休息的时间就休息好。

很多健康人迈向成功的道路，对于身残的人来说往往是行不通的。但是，他们能够以乐观的心态、以顽强的意志、以坚持不懈的行动……一句话，就是以良好的成功心理素质实现了人生的奋斗目标，品尝到了甘甜的果实。

三、让听觉通过触觉得以延伸

依莲·格莲妮，苏格兰人，1966 年出生。1996 年，不到 30 岁的格莲妮便已经是今天古典音乐中打击乐演奏的大师，被世界公认为当前打击乐女皇，可是你能相信吗？她竟是聋人！

聋人可以做很多事，但是做音乐师似乎有点匪夷所思吧！即使在音乐这一领域里，几乎所有任何其他乐器都比打击乐器对一个聋人更合适些！况且，格莲妮的打击乐不是三四人的爵士乐或室乐，而是数十人甚至上百人的大交响乐团。难怪很多人在看到她的表演之前，无法相信世界上真有其事。

格莲妮 8 岁时患上一种至今不详的病，听觉渐渐退化，到了 12 岁，已经成为 100% 的聋子。但是耳聋没有使她改变自己对音乐的兴趣，她的决心及努力，加上一点天分，使她以优异成绩毕业于伦敦皇家音乐学院。不少毕业生满足于伴奏工作、在大交响乐团中任职或者以作曲为职业，格莲妮却挑选了打击乐器和独奏表演作为事业的方向。

打击乐直到20世纪中期才在传统西方音乐中有了一席之地，能够掌握的音乐家不多。很多有名的作曲家都为格莲妮作曲。她的声誉在音乐界十分高，是世界级的音乐家。1994年她曾到美国巡回演出。

她的个子很小，表演时在乐器之间优美地飞来飞去。她用触觉，以感受音乐振动的方法去代替她没有的听觉。她喜欢在表演时赤足，以加强她的感觉。她也发展出过人的观察力，洞悉表演时指挥和乐团成员的细微动作的意义。

她不具备听力，但并没有阻碍她得到想要的东西。所发生的不幸，并不能使她停止争取成功。

第三节　吃大苦，成大器

2003年11月19日，吉林省委书记王云坤在接受“东方之子”节目采访时说：“没有吃过苦摔过跟斗的干部，不能成为大器。”

王云坤，江苏溧阳人，1942年出生，1966年毕业于天津大学无线电系。2002年连任吉林省委书记、吉林省人大常委会主任，是中共第十五届中央委员、第九届全国人大代表。

王云坤说在任用干部时，就很重视被任用者是否能“吃苦耐劳”。实质上，他的吃苦耐劳就是指一个人在逆境中的生存能力。

在王云坤的言谈基础上，我把他的吃苦理论演绎为“吃大苦，成大器”。“吃大苦，成大器”可以成为人们应对逆境的座右铭之一。

具体说来，以大学生为例，“苦”是什么？“大苦”又是什么？这里“苦”或“大苦”主要体现为生活与心理两个方面。

在生活中的苦难，主要是物质与经济方面，其中包括衣、食、用等具体内容。在高校中，目前生活非常困难的大学生仍占一定的比例，他们的衣、食、用等都确实存在一定的问题,甚至无法保障,生活中的艰苦构成了他们成长道路上的逆境。

然而,支撑个体持续生活、提高生活质量的并不是物质方面的苦难和艰辛,而心理上的自卑和痛苦,是自己击败自己。

2004年4月1日的《中国青年报》刊登了一篇署名为高艳的一篇文章,内容是展示一位来自农村的女孩的逆境独白。文章中,她谈到如下一些事情:当刚刚跨入大学校园时,她感觉仿佛从地球的一隅被空投到了繁华的都市;在日常生活中她感到与别人不和谐的小事太多了,如,找来词典把可能会发音错误的字和拼音抄在本子上,一个个地纠正;学来的技能好像从未让我感到自信,如转笔、点钞、打响指、记住了很多名车的牌子等。作者学习的上述"技能"好像都没有让她感到过自信,因为她总在学别人早已熟知的知识。而且"生活方式"包含的内容太多了,它是长期积累、不断学习并融入血液的过程,她学得很累,也很生硬。她只问自己:就算掌握了很多,可我的独特性在哪里?

她由此体验到是一种来自内心的苦痛,是一种不断折磨她的精神状态的逆境,这也构成了作者当时心灵上的"大苦"。

然而,解铃还需系铃人。心灵之苦还需要通过心理技术或方法来治疗。作者后来因一篇作文找到了扬眉吐气的感觉,她的生活在大三应用文写作中终于出现转机。教应用文写作的、脾气古怪的老师,让学生写一篇文章《我最喜欢的一本书》。在别人都不太重视的情况下,她却一丝不苟地完成作业,并由此赢得好评,精神之"苦"随转为"甜"。

其实,高艳的不少心灵之苦的感受很多人都有过,就拿找词典纠正发音错误的字词而言,我就感同身受。记得我们读高中二年级时,老师才开始给我们教"b、p、m、f、d、t、n、l"之类的东西,当时在高中的班上有人认认真真地说普通话时,很快会引来他人的笑声。然而,到了大学及以后工作的环境中,一切发生了变化,语言上的浓重地方口音隐隐约约地构成了影响我们成长的一类不利因素,如演讲中的表述、采访中的陈词、生活中的交流等。这也许还谈不上是什么逆境,但不少来自偏远乡村的人都曾有过类似的心灵之苦。事实上,“词典无难字,只怕认真读”,“世上无口音,只怕逐字练”。而其中“认真读”“逐字练”的过程就是“吃大苦”的过程。在高艳的其他方面也可以做类似的分析。

家庭的变故也会给人造成生活中的种种逆境,如何应对家庭等逆境,也需要人们敢于面对生活之苦,创造自己辉煌的明天。

德国天文学家开普勒,从童年开始便多灾多难,在母腹中只待了7个月就早早来到了人间。后来,天花又把他变成了麻子,猩红热又弄坏了他的眼睛。但他凭着顽强、坚毅的品德发愤读书,学习成绩遥遥领先于他的同伴。后来因父亲欠债使他的失去了读书的机会,他就边自学边研究天文学。在以后的生活中,他又经历了多病、良师去世、妻子去世等一连串的打击,但他仍未停下天文学研究,终于在59岁时发现了天体运行的三大定律。他把一切不幸都化作了推动自己前进的动力,以惊人的毅力,摘取了科学的桂冠。

总而言之,只要经过“吃大苦”后,必定有一天可以“成大器”。

成功心理行为训练(12):事件—压力对应图

“事件—压力对应图”的团体活动设计目的是通过描绘事件—压力的对应关系来促进人们对逆境的深入认识。逆境,其本质就是对人们造成巨大压力的事件或事件的组合。此活动的开展程序为:

1. 活动以团体行为训练进行为宜。整个团体为80~120人,实际人数视具体情况而定。

2. 把整个团体按8~10人分为一组。如把100人分成10组,每组10人。

3. 在各个小组中自荐或他荐产生一名小组长,由小组长负责主持本小组的活动。

4. 小组成员固定,属于封闭型团体。

5. 每个小组成员对自己最近一年所遭遇的各种事件,选择性地列举其中的最重大的10件,并且对自己形成的压力按照从大到小的顺序进行排序。时间大约为8分钟。

6. 每一个成员利用3分钟的时间把自己的事件—压力对应的排序图进行简要描述。

7. 小组长对所有成员的描述进行总结。

小组成员每人简述一下关于“事件—压力对应图”的体验，结束此次团体活动。

第十三章　做时间管理的高手

在第十一章中，我们谈到“时商”的问题，“时商”即时间管理能力，它是现代人必须具备的能力之一。时间是一个很重要的资源，而时间管理是人生走向成功的关键一步，时间管理的好坏直接影响到一个人的成就大小，影响到一个人事业、爱情、家庭、友谊等的成功或失败。本节将围绕时间管理为主题，具体介绍“做时间管理的高手”的各种手段。

第一节　看不见摸不着的无形资源

时间是什么？

时间是一种资源，一种无形的资源，一种看不见摸不着的无形资源。

这种资源存在于我们的活动中，走路、写字、交谈、演讲、看报、读书以及浏览网页等等都伴随着时间的流逝，时间也存在于我们的生命里，睡觉、吃、喝、拉、撒、性等同样构成了时间的载体。

时间，不同的人会以不同的方式进行度量，并相应形成了不同的时间观念。下面我们来看一看有关时间及其度量有关的几个具体事例。

事例一：0.01 秒

2005 年 6 月 14 日（星期二），来自雅典的消息表明：22 岁的牙买加选手阿萨法·鲍威尔在这里举行的国际田联超级大奖赛男子百米决赛中,以9秒77打破了男子100米短跑的世界纪录,此前的纪录是由美国短跑运动员蒙哥马利在2002年9月创造的9秒78。经过近三年的时间,人类在百米成绩上仅仅提高了0.01秒。

事实上,回顾百米短跑的世界纪录,可以发现短跑运动员每提高0.01秒都是非常艰难的。下面简要列出从1968年以来的男子百米世界纪录。

男子百米世界纪录一览:

9.95——吉姆·海恩斯(美国),1968年10月14日,墨西哥

9.93——卡尔文·史密斯(美国),1983年7月3日,美国科罗拉多

9.92——卡尔·刘易斯(美国),1988年9月24日,韩国汉城

9.90——勒罗伊·伯勒尔(美国),1991年6月14日,美国纽约

9.86——卡尔·刘易斯(美国),1991年8月25日,日本东京

9.85——勒罗伊·伯勒尔(美国),1994年7月6日,瑞士洛桑

9.84——多诺万·贝利(加拿大),1996年7月27日,美国亚特兰大

9.79——莫里斯·格林(美国),1999年6月16日,希腊雅典

9.78——蒂姆·蒙哥马利(美国),2002年9月14日,法国巴黎

9.77——阿萨法·鲍威尔(牙买加),2005年6月14日,希腊雅典

9.76——加特林(美国),2006年5月12日,卡塔尔多哈

9.74——鲍威尔(牙买加),2007年9月9日,意大利列蒂

9.58——博尔特,2009年8月16日,德国柏林

从上述数据中可以发现,经过40年的时间,男子百米世界纪录仅仅缩短了0.23秒。9.58秒是今天世界上跑得最快的飞人成绩,但也可以肯定不会是未来跑得最快的成绩。

不过,这个事例使我们想得最多的是“时间与速度的关系”。

生活中,我们每一个人都有过跑步的经历,当有急事时,我们会自然地把日常的步行转变为奔跑,奔跑是最原始的缩短时间成本提高工

作效率的方式之一。在繁华都市里,在繁忙的高校中,我们可以到处看到匆匆的身影,有研究表明:优秀大学生的步行速度比一般大学生要快很多。事实表明:成功与时间、速度是有密切关系的。

事例二:5 分钟

我先后调查过 500 多名大学生,对他们问了同样一个问题:"经精心观察发现,每一位成功的大学生都是善于使用时间的典范,日常生活中的 5 分钟常常也不会被他们所忽略。请问对你来说,5 分钟的时间你能成功完成哪些有意义事情? 请列举出 10 项可能的事情。"为了获取尽可能丰富的答案内容,我把此题放在期末考试中进行,并且规定每回答一项事情,将给予 1 分的成绩,10 项事情全部回答者将得到 10 分的总成绩。

调查结果内容显示,大学生在 5 分钟的时间可以做的有意义事情是很多的,但每一个人的选择并不一样,下面简要列出三个学生的选择答案。

精仪学院宁宁同学的 10 项回答:

1. 洗漱完毕;
2. 解答出一个比较简单的数学题目;
3. 记住几个英语单词;
4. 修理好已经损坏的小东西,如钟表等;
5. 在班级宣布一项通知;
6. 简要地读一张报纸,了解身边事、天下事;
7. 做深呼吸,平定紧张的心情;
8. 迅速地整理自己的书桌,创造干净、整洁的学习环境;
9. 慢跑数百米,锻炼身体;
10. 整理自己的床铺。

化工学院制药专业的阿蕾同学的 10 项回答:

1. 读一篇英语短文;
2. 背诵一个单词的语法;

3. 抄写一篇英语作文；

4. 做仰卧起坐；

5. 跳绳；

6. 帮室友打热水；

7. 扫地、拖地；

8. 整理书籍；

9. 听一段英语课文；

10. 回顾一天的得失。

机械学院晓霞同学的 10 项回答：

1. 记住 8 个英语单词或 6 个词组；

2. 对这一天将要做的事情进行大致规划，分配其所需要的时间，决定其先后次序；

3. 对过去的一天发生的事情做一番大体回顾，想想哪些方面做得不好或不对；

4. 回忆一下父母、朋友的生日以及重要节日的日期，以免到时候忘记；

5. 回忆上一节课的重点内容，检查自己是否完全掌握；

6. 想一想今天或明天将要发生的一件或几件较重要的事，构思一下到时将如何处理；

7. 回忆一下这几天的经济花费，想想哪些钱花得不值；

8. 回忆父母对我最重要的教诲，让自己再度明确前进方向；

9. 翻开字典，仔细地查一个单词，看完它的所有词条及注解；

10. 将自己的座右铭再品味一番，为自己增添一分动力。

从以上三位同学的回答可以看出，5 分钟在大学生的生活中是不可忽视的一个时间单元，利用好每一个 5 分钟，对于大学生获取成功的人生具有潜在的累积作用或催化作用。

事例三：45 分钟

45 分钟是大学生上课的一个课时单元。准确地说，大学期间老师上课通常是每门课连续上两个课时，即两个45分钟。

然而，45分钟的效率（或者说90分钟的效率）如何，往往是影响大学生成长的重要因素。调查表明，绝大多数大学生并不能利用好上课时间，他们通常可以分为这样几类：

第一类学生：来上课，也听课。

第二类学生：来上课，不听课。很守纪律，但心猿意马。

第三类学生：没来上课，但是想来。因为一些突发事件不能来听课。

第四类学生：没来上课，也不想来。上课无所谓，想来听就来听，想旷课就旷课。

以上四类学生的学习效率是有显著差异的，参见表17。

表17　上课及听课学生分类表

来上课，也听课（第一类学生）	没上课，想听课（第三类学生）
来上课，不听课（第二类学生）	没上课，不想听课（第四类学生）

每当秋季开学我们迎来一批又一批的大学新生时，面对那些站在学业同一起跑线上的莘莘学子，我对他们每一个人都投去期待的目光，期望他们经过大学生活四五年的熏陶能获得同样完美的综合能力，并以同样优秀的表现离开学校。但是，每当夏季毕业生离校时，我所看到的并不是所有学生步调一致地走向社会，而往往是以巨大的差别呈现在老师们的眼前。

在入学时，学生的差距还是那么微小，但到毕业时，彼此的差距确是如此巨大，其原因就在于各自在时间管理上的不同。那些历经大浪淘沙后的佼佼者一个个都是时间管理的高手。

第二节　时间四则运算——加、减、乘、除

时间管理并不神秘，它就体现在日常生活之中，体现在个人的睡眠

饮食之中，体现在一个人的言语交谈之中，体现在一个人的坐立行走之中。时间管理有着自身通用的法则，这些法则归纳起来又是如此的简单，我把它称之为“加、减、乘、除”。

一、时间管理的“加”运算

时间管理的“加”运算，主要是针对零碎时间提出来的时间管理办法。把零碎时间相加起来，就可以积少成多，聚沙成塔。但要注意到并不是所有的零碎时间都是可以相加的，早、中、晚三餐的时间就不能相加，对于这种不能“实加”的时间，我们同样可以对它们进行“虚加”。比如说，吃饭进餐时，我们可以做一些什么呢？可以做的事情很多，其中反省法用得最多，即反省过去的一段时间的使用情况。

时间与事件是相对应而存在的。时间管理的“加”运算针对事件来阐述时，那就是“集中处理事件”，即把洗衣服、搞卫生、整理电脑文档等琐碎事情集中起来处理，从而提升对时间的整合能力。这也是一种变相的时间合成，即时间管理中的“加”运算。

二、时间管理的“减”运算

时间管理的“减”运算，主要是针对大宗时间或比较复杂的事情而提出的时间管理办法。需要注意的是其中包括两方面的含义。一是就“大宗时间”而言的，如一个出差旅游或开会等需要的几天甚至十几天或更长的时间，对这类大宗时间就需要采用时间管理的“减”运算来管理；二是就“比较复杂的事情”而言的，如在规定时间内要求阅读一本829页的某专业教材等，如此巨大的事情也同样需要采用时间管理的“减”运算来进行管理。

时间管理的“减”运算，本质上是化趸为零的时间管理法，把无兴趣但必做的而且费时的事情分散到各个小额时间段中。其中让等待的时间不再使人感到无聊，即充分利用好等待的时间，这也需要使用时间管理的“减”运算法则。

三、时间管理的“乘”运算

时间管理的“乘”运算，就是根据时间倍增理论而提出的时间管理方法。具体的方法体现为“善于委任”。“委任”并不是领导者的特权，事实上，即使委任是领导的素质之一，那么我们也可以说每一个人都是领导者，他在某些方面可以领导周围的人，领导自己的时间。

“善于委任”还表现在“善于授权”等方面，一个人成就事业并不在于他必须事必躬亲，而是在于他能够很好地调动自己周围广大人员的积极性，以力役力，这样就能达到时间倍增的效果。即使在你睡眠、休闲时，还有人在帮您做你很难做到的事情，时间得到延长，生命由此延伸。

四、时间管理的“除”运算

时间管理的“除”运算，是针对“科学应对被人委任”而采取的时间管理方法。社会是现实的，人的交往也是交互的，当我们“善于委任”他人时，也必然会遇到来自于他人的“委任”，因此，科学地应对来自他人的“委任”就成了时间管理的必备法则之一。由此可见，时间管理的“除”运算，实质上就是时间管理的“乘”运算的逆运算，两者的时间管理过程正好相反。

如何应对他人的请求？学会“善于说不”是时间管理的“除”运算的核心内容。“善于说不”并不意味着说“无能”，也不是意味着“人际关系不友好”。当然，能够帮助他人解决的事情，并且助人益己的事情是值得花费时间的。

第三节　1 440 分钟

一天 24 小时，一小时 60 分，每天的时间以分钟计算则为 1 440 分钟。

每天 1 440 分钟，我们每个大学生心里都明确吗？

不明确，绝大多数不明确。

我随机调查过 100 个大学生，让他们回答上述问题时，他们 100% 都能回答正确，但问他们是怎样得出这个数字时，100% 是经过“24 乘以 60”这个口算过程后才得出的。在他们的心目中，还没有“1 440 分钟”这样一个时间度量单元。

每天 1 440 分钟，我们每个大学生的绝对利用量如何？

我们可以把一天的 1 440 分钟分成三等分：黄金时间 480 分；白银时间 480 分；其他时间 480 分。下面就来简述这几种时间的内容。

一、黄金时间 480 分

黄金时间，通常有一定的客观内容。在广播电视等媒体中，黄金时间则是指收视率最高的时间。在时间管理方面，黄金时间通常指一个人的学习或工作效率最佳的时间。不过，本书中的黄金时间除了强调学习或工作效率外，更多地还是强调学习或工作时间，通常按 8 小时工作日计算也就是 480 分钟了。

针对各人黄金时间的分布状况，我们在大学生中做过一个调查，结果发现人们的黄金时间的分布是迥然不同的。参见表 18。

表 18　黄金时间的人数分布表

时段	人数	百分率
晚上	4 498	66.5
上午	991	14.7
早晨	572	8.5
下午	486	7.2
中午	133	2.0
未答	79	1.1
总数	6 759	100.0

从表 18 中可以看出，大学生的黄金时间绝大部分集中在晚上（占

总人数的66.5%),看来“一日之际在于晨”的格言在21世纪的今天应该改成“一日之际在于晚”了。

利用好黄金时间,让问题解决在课堂中,使黄金时间真正发挥时间的效益。

二、白银时间480分

白银时间,在这里指睡眠时间。睡眠时间,大约占人的一生的1/3量。按照一天8小时计算,人们每天不得不在睡眠上花费480分钟的时间。当然,随着年龄的变化,每个人的实际睡眠时间并不一样。像一岁两个月的小宝宝睡眠差不多需要12小时,而70岁的老爷爷则只需要四五个小时的睡眠即可。

在不少人看来,睡眠时间在人的一生中所占的分量太大,简直是被白白地浪费了。事实上,睡眠时间安排得妥当与否,直接关系到黄金时间的效益。睡眠时间,并不是白白地被浪费,而是有白银般的地位,其重要性仅次于黄金时间。

很早就有人说过,不会休息的人,就不会工作。对于学生来说,不会休息的学生,就不会学习,也不可能成为优秀学生。

在我从事多年的心理咨询的过程中,发现不少心理疾病的起因就是由于他们的睡眠受到直接或间接的干扰。失眠、睡眠质量低下等已经引起了很多专家的注意。

管理好自己睡眠的时间,让它发挥白银般的效益,才能促进个体事业的成功。

三、其他时间480分

其他时间480分,这部分时间是铜是铁、是珠宝还是垃圾,就完全取决于时间的主人了。正如一句名言所说,珍惜时间的人也就会被时间所珍惜,抛弃时间的人也同样会被时间所抛弃。

实际上,现实生活中,用分钟来定义时间、命名时间的现象还是很少的。因此,这里再介绍几种命名时间的方法。

根据事件与时间的对应关系，时间可以分为“有事件时间”与“无事件时间”。“有事件时间”即学习时间、工作时间、交谈时间、讲课时间、听讲时间、开会时间等，“无事件时间”即空闲时间或称闲暇时间。

根据时间的宝贵程度和个体活动效率高低，时间可以分为“黄金时间”“白银时间”“青铜时间”等。

根据可控性，时间可以分为“他控时间”“自控时间”等。

根据主体的主观感受，时间可以分为“快乐时间”“痛苦时间”等。

第四节　ABCDEF 法则

一个人一生的时间是极其有限的。不可能事事成功，规划人生的第一步就是要懂得取舍。一个人能做的事情有 ABCDEF……选取适合个人发展的 ABC 事件，果敢地暂缓处理当前不适宜的 DEF 事件。

那么怎样确定处理这些事情的优先顺序呢？

成功心理学中确定事情优先顺序的方法是：通常以重要性与紧迫性作为时间参量对事件进行分类，从而确定事情优先顺序的关键因素。

具体划分时，采用二分法。根据重要性可以分为“重要的事情”与“不重要的事情”；根据紧迫性可以分为“紧迫的事情”与“不紧迫的事情”。参见表 19。

表 19　事情优先顺序的确定（二分法）

重要的而且紧迫的（A 事情）	重要的但不紧迫的（B 事情）
不重要的但紧迫的（C 事情）	不重要也不紧迫的（D 事情）

从表 19 中可以看出，根据事情的重要性与紧迫性的情况可以把事情分为 ABCD 种，其中 A 优先于 B，B 优先于 C，C 优先于 D。

事实上，事情并不都是采用二分法的。就拿重要性来说，也可以采用三分法、四分法、五分法等等。当用三分法时，事情就可以分为“最重要的”“次重要的”与“不重要的”。如果事情在紧迫性上依然分为

“紧迫的”与“不紧迫的”，那么就可以形成六种优先顺序不同的事情。这六种事情列于表 20 中。

表 20　事情优先顺序的确定方法(三分法)

最重要而且紧迫的(A 事情)	最重要但不紧迫的(D 事情)
次重要而且紧迫的(B 事情)	次重要但不紧迫的(E 事情)
不重要的但紧迫的(C 事情)	不重要也不紧迫的(F 事情)

在表 20 中，其中的 A、B、C、D、E、F 的优先顺序是：A 优先于 B，B 优先于 C，C 优先于 D，D 优先于 E，E 优先于 F。

把表 19 与表 20 进行对比可以发现，在重要性与紧迫性这两个维度中，重要性在决定事情的优先顺序时所占的比重更大。但生活中，有时还不得不做一些紧迫但不太重要的事情，表 20 中的 C 事情就属于这一类事情。

就拿 2005 年 8 月 30 日来说吧，我需要做的事情有：送孩子到姥姥家、策划迎接 2005 级新生入学的心理宣传资料、写《成功心理学》的后记、回答网上几位同学的心理咨询、对数十位勤工助学岗位申请者进行面试、洗早晨换下的几件衣服。以上六件事可以分别简称为：“送孩子”“新生心理宣传”“写后记”“网上心理咨询”“岗位面试”“洗衣服”。首先，根据紧迫程度把上述六件事分为两大类：其中“送孩子”“新生心理宣传”“写后记”就是紧迫的事情；而“网上心理咨询”“岗位面试”“洗衣服”等属于不紧迫的事情。这里需要明确的是，所谓“紧迫”与“不紧迫”是相比较而言的，不是绝对的。如本例中的“网上心理咨询”也很紧迫，其中一位网上咨询者正在经受家庭夫妻矛盾的煎熬，“岗位面试”也较紧迫，因为 9 月 1 日就得确定上岗人员了，距离当天也只有两天时间。不过，“网上心理咨询”与“岗位面试”同“送孩子”“新生心理宣传”“写后记”三事情相比，就显得不那么紧迫了。“新生心理宣传”的资料必须提前三天交稿，也就是当天上午必须交稿，才能保证 9 月 2 日迎新生可以用上。而“送孩子”也十分紧迫，因为开学很忙，无暇照看孩子,需要送到孩子的姥姥家请姥姥、姥爷帮助照看。由于出版工作的需要,“写后记”也迫切需要提交。

另外,根据重要性的差别,我分别把上述事情确定如下 ABCDEF 顺序:“新生心理宣传”(A 事情)、“送孩子”(B 事情)、“写后记”(C 事情)、“岗位面试”(D 事情)、“网上心理咨询”(E 事情)、“洗衣服”(F 事情)。在“紧迫”事情中重要性方面,“新生心理宣传”最重要,“送孩子”次之,“写后记”相对“不重要”,因为后记对书本而言不是必需的。在“非紧迫”事情中重要性方面,“岗位面试”最重要、“网上心理咨询”次之、“洗衣服”相对就“不重要”了。

ABCDEF 法则仅仅是用来区分事情的优先顺序。而区分事情优先顺序的目的在于更好地帮助制定时间管理计划,把确定好了轻重缓急的事情纳入到时间管理计划之中。

时间管理计划可以有日程式时间管理计划和工程式时间管理计划两种形式。日程式计划以“时间块”作为规划主线和设计单元(日计划、周计划、月计划、年计划、三年计划、五年计划与余生计划等),而工程式计划则以“项目组”作为规划主线和设计单元。ABCDEF 法则在工程式时间管理计划中应用更广,其中的“项目组”实质上就是 ABCDEF 事件。

这里还需要注意 ABCDEF 事件的体现形式,这与人们利用时间的特点有关。

认识人们利用时间的特点可以从分析其过去处理事情的经验开始,每一个人都是从过去走来,认真地分析自己的过去,就能从中发现自己的时间利用特点:是有计划型,还是无计划型。

无形计划具有同样的力量,有的人成功了,但是他却说我从来没有什么时间管理计划呀,事实上,这类人心中都有一个无形的计划,这无形计划在他的生活中已经转化成了一个良好的习惯,正是这个良好的时间利用习惯把他引向了成功。值得注意的是,无形计划不是无计划,相应地,有形计划不等于有计划。纸质计划也不等于有计划。总之,时间管理计划的实质就是一个人能把良好的时间使用技能转化为其习惯。不论是习惯于有形时间计划者还是习惯于无形时间计划者，为了提高时间效率，取得更大成功，心中都要应有一个“ABCDEF 法则”，并且能够不断使自己的行动定格于优先事件 A。

第五节　时间管理中的“双 S 规则”

时间管理中的“双 S 规则”是指做任何事情都需要注意“开始”与“结束”。其中“开始”与“结束”用英文表示分别为 Start 和 Stop，因此，分别取两个单词的第一个字母就成了两个 S 了，这就是双 S 规则的由来。

下面就来详细阐述时间管理中的“双 S 规则”的内容。

一、给事件安装“闹铃”

给事件安装“闹铃”，其含义就是给事件一个合适的开始时间。对于计划中的事情，必须给予一个开始的时间，没有赋予开始时间的事件，一切就都是水中月、镜中花。那么，我们应该怎样安排事情的启动事件呢？

(1)战胜心灵的恐惧，自我上弦。

很多人之所以失败，其中最重要的原因就是他们总处在彷徨之中或总处在等待之中，而始终不能启动事件的行动计划。

常言道：万事开头难。确实，做任何事情开头都是很艰难的，但是，只要有气魄、有胆识而且能务实，就能迈出第一步。事实上，完成很多事情的困难程度并不像自己在事前所想象的那么困难。

楠楠，某高校女研究生，主修思想政治专业。早在大学时期，她就想双修心理学专业，在他看来双修心理学后对于思想政治专业的学生就业会增加一些筹码。但是，楠楠一直没有开始心理学的学习。因为她心中充满各种疑问与担心，如心理学需要兼修生理学、解剖学、统计学、测量学等理科性质的学科，而这些课程都不是他的强项，所以迟迟不敢真正涉入此领域。直到一次她与一位学医的原高中时期的同学相逢，并进行了沟通后，正式开始了心理学及相关课程的学习。在两年的理论学习和实习操练后，她参加了心理咨询师的考试，并且顺利地通过了考核。

我们的学习或工作，有时就像钟表一样，只要上了弦，它就能自动地运行起来。否则，钟表永远只能处于停摆状态。不过，钟表的上弦可以由自己完成，也可以由他人完成。

(2)寻找外界的帮助，他人上弦。

当我们感到自己的意志力相对比较薄弱时，往往很难自动发起对具体事情的行动。为了避免陷入“明日复明日，明日何其多，我生待明日，万事成蹉跎”这种致人失败的不良循环中，可以通过周围亲戚朋友等的温馨提醒，协助自己开始成功事业的起步阶段。

二、给事件安装“定时器”

给事件安装“定时器”，其含义就是给事件一个规定的结束时间。生活中，我们常常会有这样的经历，一件事情开始做了，但不断被别的事情插入而中断，结果很长时间过后，这件事依然没有做完。有时甚至忘了此事，而是在别人提起此事或催促此事时，才想起了有关事情。这些现象都是由于时间管理不当而造成的。

我们常常不能按时完成一件事情的原因很多，如没有切实可行的分解计划、对完成事情的意义缺乏认识、个人虎头蛇尾的性格特质、对事情的结果要求过分完美等。

拖拖拉拉不仅是一个人的行为习惯，同时也是时间的蛀虫，它会连续不断地吞噬一个人的宝贵时间，使事情总处在不能完成之中，从而摧毁一个人的成功。

《涉世之初》杂志的一位编辑在给大学生举办的一场讲座中讲述自己的写作经验时说：我平时写作时最注重的就是心里不要先评价好

坏,而是一气呵成。我把此现象概括为一句话,那就是"先写出来再说"。确实如此,不少人写文章总是在开了一个头后,却因为字斟句酌,进展缓慢,总见不到结尾,最后把自己搞得疲惫不堪,只好半途而废。"先写出来再说"可以说是对完美主义者的一种可行性治疗方案。处理事情,完成是第一位的,完成得好坏是可以调节的。没有完成,就谈不上完成得好坏。如果完成得不好,我们可以逐步进行改进。

行动成功学的创始人李践对解决问题的时限性也十分重视。李践每天工作、学习的时间常常不少于 16 个小时。他每天早上 6 点钟起床,读一个多小时的书,7 点半到公司上班。晚上 10 点回家后,他还要读两个小时的书。李践学习了速读法,差不多两天左右就看完一本书。很难算清他每天要处理多少事情,他给自己做出的规定是:解决任何一个问题,时间都不能超过 5 分钟。李践的"两天速读一本书"与"解决问题 5 分钟"等方法都是及时结束事情的可行措施。

时间管理中的"双 S 规则"还可以演绎出很多方法,如次数最少化方法,或称为"能一不二"法,它是指我们能一次完成的事,绝不分两次做;能两次完成的绝不分三次做;依次类推。通过采取尽可能少的次数来结束事情。

第六节　走出时间管理的误区

时间作为一种具有单向性、有限性、无形性的独特资源,正确认识时间观念,才能使人们正确行动。时间管理特别强调正确的时间观念,但我们不要因计划时间、分配时间、领导时间、控制时间等本身的操作而耗费时间,否则反而会使人疲惫,失去对时间管理的兴致,步入时间管理的误区。

管理时间,贵在行动。我们在日常生活中培养良好的时间管理习惯:时间管理是一种习惯,这种习惯应从日常生活中培养,同时还要注重时间管理的行为训练,用行为训练的方式来培养一个人的行为管理技能，消除各种不良的时间管理习惯，走出时间管理的误区。

本节主要介绍时间管理中存在的各种误区以及走出这些误区的办法。

一、让时间消逝得明明白白

我们每天乘坐公交车时，到底耗时多少呢？对大部分人来说就是一笔糊涂账。但是陈瞻同学在心里却有一笔清晰的时间消逝路线图。参见表21。

表21　乘坐公交车时间记录

日期	星期	天气	出发时刻	步行等待时间	乘车起点	上车时刻	乘坐时间	下车时刻	下车地点	步行时间	到达时刻
8.7	Sun.	Clear	14:55	15 min	天大西门	15:10	35 min	15:45	王串场	10 min	15:55
8.9	Tue.	Rain	9:25	15 min	王串场	9:40	32 min	10:12	天大西门	6 min	10:18
8.10	Wed.	Clear	8:45	15 min	天大宿舍	9:00	28 min	9:28	王串场	10 min	9:38
8.11	Thu.	Sunny	12:45	12 min	王串场	12:57	28 min	13:25	天大宿舍	7 min	13:32
8.12	Fri.	Cloudy	13:24	5 min	天大西门	13:29	30 min	13:59	王串场	9 min	14:08
综合分析（取最大值，单位为min）				步行等待时间$_{max}$=15			乘坐时间$_{max}$=35			步行时间$_{max}$=10	

从表21中可以看出，乘坐公交车的时间可以分成三个时间段：一是从出发点到候车点（即上车点）之间的“步行等待时间”；二是从上车点到下车点之间的“乘坐时间”；三是从下车点到目的地的“步行时间”。陈瞻同学的上述三类时间的最大值分别是15分钟、35分钟、10分钟，共计60分钟。这就是他心中清晰的时间消逝路线图。

了解时间的流逝规律是节约时间的前提与基础。

二、在比较中清清楚楚地节约时间

当今，我们在提倡建设节约型社会的同时，在成功心理学中，我们则提倡建立“节约型时间管理观念”。一个成功的人士，不仅需要看他所利用的绝对时间量，还要看他的相对时间量。后者实质上就是提高时间的利用效率问题。

利用一切可以利用的时间,可以扩大绝对时间量,这种节约时间的方法,我把它叫做“第一类时间节约法”。

如表 16 所示,人们在对乘坐公交车的时间调查清楚以后,分别在“步行等待时间”“乘坐时间”与“步行时间”内安排一定的可以处理的事情(如断续浏览记有英语单词的卡片,但车上不宜连续看书),这样就可以充分利用这段不得不消耗的路途时间,从而增加个体有效的绝对时间量。另外,传统的酒席与宴请等对时间的浪费导致了快餐的兴起,城乡私家汽车量的不断增长,从骑自行车到驾驶汽车,从写纸笔书信到收发电子邮件……都表明人们对时间的认识与紧迫感在快速发展。不过,这些节约时间的方法都属于“第一类时间节约法”。

当今,如何提高办事效率,则成了影响人们成功的更加重要的因素。如不少无实质内容的会议,就构成了时间大盗,它们在默默地偷窃人们的时间。

对于时间的低效还可以从一些具体症状中做出诊断,其中时间效率低下的具体表现形式有:①电话干扰;②穷于应付突发事件上;③经常突然加班加点;④不速之客贸然闯入;⑤办事拖拖拉拉;⑥会议冗长;⑦漫无边际地闲聊;⑧考虑事情过于复杂;⑨宁愿等他人指示而不敢自己拍板;⑩他人的指示未听明白就行动,导致事情做错;⑪不考虑轻重缓急;⑫完美主义的办事风格;⑬凭记忆办事;⑭对管理的事务总是事必躬亲;⑮毫无节制地上网……

针对上述各种浪费时间的陷阱,需要根据不同症状来区别诊治。如对“考虑事情过于复杂”者,就可以让他进行“中等决定胜过无决定”的成功心理行为训练,学会及时做决定的能力,从而提高时间效率。对于“毫无节制地上网”者,则可以进行使用电脑的观念与方法上的训练,在观念上灌输“电脑是把双刃剑,电脑可以成为节约时间的工具,也可能成为消耗时间的恶魔”的理念,并通过适当的方法进行疏导。

只要选择科学的方法,时间的低效问题就会得到明显的改进。

第七节　让等待不再无聊

在本章第二节论及的“时间管理的‘减’运算”中，已经谈及部分对于“时间等待”的处理措施。在这一节中，我再结合自己在生活中的一些亲身体会来较系统地谈谈应对“时间等待”的规律，让人们在度过等待中的时间里不再感到无聊，从而提高时间管理的效率。

一、路途中的等待

在日常生活、学习或工作中，仔细分析就会发现，大学生们每天除了吃饭、睡眠、学习（或工作）等需要花费一天中的主要时间外，每个人还都必须花费一定的时间在“路途”中。路途中耗费的时间与各自使用的交通工具有关，骑自行车、乘公交车或坐小轿车等所遭遇的路途情况肯定会不一样，但他们都会遇到同样的“时间等待”问题。处理好路途的“时间等待”，不仅不会影响路途的安全，还可以让我们路途生活变得更加开心、快乐和有意义。如乘坐公交车时，短则二三十分钟，长则一个小时左右，对于这么长时间的等待，“路途时间”利用得好，对个体的学习、工作与生活都会产生积极的影响。一般情况下，如下一些方法就是可以采用的时间应对措施：看一些非连续性的材料，如记忆单词；观察车内其他乘客的行为以及车外的美好景色或新奇事物，有意识地提高观察人、物与事的能力；收听广播或播放录音磁带等，可以听音乐陶冶心境，也可以听英语提高听力；与周围朋友交谈，广交朋友；等等。

长期的行为训练，就可以使我们形成了一个良好的路途时间管理的习惯，提高生活的品位。

二、约会中的等待

现实生活中，人与人之间的交往都是非常具体的。任何交往都是在一定的时间与空间进行的，人际交往，本质上就是两个人的行为轨迹在确定的时间与确定的空间上的会合。不过，这确定的时间与确定的空间可能有两种情况：一是事先双方未曾约定的，由此形成的人际交往我们通常更多地会称之为“缘分”，这种交往多见于与周围陌生人之间的初次沟通；二是事先双方约定的，生活中的各种约会、聚会、谈判、讲座、报告以及课堂学习等就都属于这类人际交往。对于后面这种情况，就可能因为种种原因导致约会中的一方迟到甚至取消约会，由此对交往的另一方而言也就派生出了“约会中的等待”。

对于约会中的等待，同样可以使用上面所谈到的关于“时间等待”的一般应对方式。另外，还可以利用约会中的等待做好两件事：一是简要总结两人的交往史，找出不足之处，强化双赢方面；二是快速构思彼此关系的未来发展脉络，并不断在实际交往中促进关系的良性发展。

三、特殊情境中的等待

在实际生活中，我们可能会遇到一些特殊情境，其中需要人们付出时间，也需要人们去善于等待。如因政治斗争或其他运动等被捕入狱、因病而不得不住院治疗等。邓小平就是利用在江西下放的时间构思着中国的改革大计；本仁·约翰（John Bunyan，《天路历程》的作者，除了圣经以外，没有其他人的作品比本仁·约翰所著的《天路历程》被翻译成世界上更多的文字）利用在监狱中的时间写作并出版了一本四行诗的诗集《狱中默想》；刘晓庆利用狱中时间学习英语……下面我还要讲的一个例子就是自己因病在医院住院期间如何度过病床上的“时间等待”。

2005—2006 新学期伊始，我便开始精心策划在新学年内学校心理健康教育的系列重大事项：2005 级新生心理建档事项的启动、全校新生心理委员的业务培训、心理所与天津市心理咨询师专业委员会以及某心理服务中心全面合作的开展、第 14 届精神卫生日大型咨询活动的部署、新一届校心理协会的换届筹备、全校性心理健康教育工作宣传彩页的设计、心理研究所学科发展方向的明确化以及规范化建设等等。但是计划赶不上变化，一场拖延了较久的疾病逐渐发展到我感觉再也难以支持了。经一位姓张的主任医生劝说，他郑重地告诉我病情的严重性，无奈之下我于9月26日(星期一)住进了天津市人民医院。我为了争取在国庆节前的9月30日能出院，便向有关医生请求当天就做手术。为我做手术的主刀大夫刘宏伟主任当天的手术已经全部排满，但为了满足我的要求，他还是热情地特别为我加班增补了一例手术。手术过后，才发现我原来构想9月30日出院的计划是非常不现实的，这次在医院一住就是将近20天。在这近20天住院的特殊日子，也让我对善于处理“时间等待”的问题有了更深刻的体验。

接受住院治疗的病人，如果不能善于处理好时间的等待，就会使心情更加烦躁，甚至感到乏味无聊，所有这些消极情绪对患者身体的恢复都是有害无益的。事实上，住院病人可以通过很多方式使自己的生活丰富起来，让住院的时间发挥出最大的效益。下面就结合自身的体会谈如下六点：①与医生护士交流。由此可以对病因、治疗措施、饮食规律等有更确切的了解。②与病友交流。患同种疾病的病人相互之间的交流可以促进患者对自己的病情更加了解，同时还可以在心灵上相互支持，有一些好的治疗方案还可以相互借鉴采用。③与亲戚朋友同事等交流。患难之中见真情，通过这种特殊情境事件可以映射出一个人的内心世界，也可以体现出人际间的真情与友好。④反省过去得失。住院养病，同时更是养神，养好自己的精神。静静地思考着昔日匆匆生活中难以发现的东西。医院里的刻板作息时间(6点测体温、7点早餐、8点换药、11点吃午饭、中午休息、下午4点换药、下午5点晚餐、晚上10点熄灯)让我反思到自己以往日常作息的无规律性，远离匆忙的工作，心里也恢复了一种从未有过的清静，出院后的生活为何不继续保持这种规律化的生活呢？这也许是住院换来的一种心灵收益。⑤构想好未来的工作。凡事预则立，不预则废。住院治疗虽然不能直接处理很多事情，但是在头脑中预先预谋好各有关事情也是成就事业不可缺少的一环。利用医院这个相对清静的世界，完全可以把自己出院的近期事情规划得更加完善。从完成事情的整个过程来说，在时间上仍是一种节约。⑥利用通讯工具办理好当前事务。现代通讯工具的快速发展让人们完全可以运筹于帷幄之中，决胜于千里之外。事实上，与某心理服务中心的合作以及10月10日的大型心理咨询等事情就是通过我的一部小灵通和一部手机策划落实好的。正是通过上述各种方式，让我满意地度过了住院治疗这一特殊时期，也使这近20天的等待时间得以充实。

等待在每个人身上都发生过，当然也一定还会在任何人生活中继续发生。但是只要我们善于思考，敢于创新，用我们的聪明才智就一定能够处理好各种“等待”，科学高效地管理好有关时间，让等待变得不再无聊，而是变成帮助人们走向成功的阶梯。

成功心理行为训练(13)：给灵感以时空

“给灵感以时空”的团体活动设计目的是改善和提高人们的时间管理能力。方式是通过团体每一位成员在自己身边放一张小纸条(即身边不离纸条)以便随时记录有关随想或耳闻目睹的有用信息，改善时间管理能力，提高业绩。此活动的开展程序为：

1. 活动以团体行为训练进行为宜。整个团体为80～120人，实际人数视具体情况而定。

2. 把整个团体按8～10人分为一组。如把100人分成10组，每组10人。

3. 在各个小组中自荐或他荐产生一名小组长，由小组长负责主持本小组的活动。

4. 小组成员固定，属于封闭型团体。

5. 每个小组成员在自己的身边放一张纸，并且各个成员轮流讲一个1分钟的幽默，在一个人讲述幽默故事时，其他人可以做简要的记录。

6. 每一个成员利用2分钟的时间把记录的内容进行简要描述。

7. 小组长对所有成员的描述进行总结。

小组成员每人简述一下关于“给灵感以时空”的体验，结束此次团体活动。

终身成功篇

成功可以一时,但是难得一世。这说明在人的一生中要取得一次成功是相对容易的,但要取得终身的成功就比较困难了。本篇中将对人们获得成功的时代性影响因素、地域性影响因素以及个体自身年龄影响因素等进行简述。同时,本篇也是对成功心理学的“优劣起点篇”“目标终点篇”以及“中途拼搏篇”的核心内容的综合运用。

第十四章　时代、地域与成功心理

处在不同时代、不同地域的人,他们的成功心理具有一定差别性。以大学生为例,他们所处的年代不同、所在的高校不同,他们接受的教育也不一样,由此形成的经历将具有自身的特色,这些各具特色的成长经历也会影响他们的成功道路。

第一节　与时俱进,适者成功

上世纪社会上曾经流行这样一段话:70 年代下乡,80 年代下海,90 年代下岗。

在不同的时代,因为种种政治、经济以及文化等因素的影响,整个社会会出现一定的特殊现象,如 20 世纪 70 年代出现的“知识青年上山下乡”,80 年代出现的“辞职成风下海经商”,90 年代出现的“企业裁员职工下岗”。

人们要使自己的学习、事业与生活取得成功,就不得不考虑自己所处的时代的特征,遵循时代的发展规律来分析目标的合理性、方法的可行性。

一个人不可能使自己的生活停留在一个不变的时代,而是要经过多个时代。随着时代的变化,人们能否适应这个变化了的时代的特征,将直接决定他能否赢得持久的成功。

闵锐,某理工大学的大二男生。有一天,他的母亲带着痛苦的心情来找我寻求心理咨询的帮助,一走进咨询室,她的眼泪就像断了线的珠子一般往下掉,而且在哭泣中不断重复一句话:老师,你一定要救救我的孩子啊!老师,你一定要救救我的孩子啊!

事情原来是这样的:闵锐,父母都是普通工人,父亲身体不好,很早就病休在家。在闵锐十岁的那一年,他的父亲因身体患重病而死亡,同年,闵锐的姥姥也去世。那一年,对闵锐的母亲而言是感情遭受重大打击的一年,精神上承受的压力更大。然而,十岁的闵锐却显得成熟而稳重,他反而对自己的母亲进行安慰道:"妈妈,你不要难过,尽管爸爸与姥姥已经去世,但我还在啊!我会好好地陪伴妈妈的!"闵锐简短的一句话,却深深印刻在闵锐母亲的心中,并让闵锐的母亲想起此话就非常感动,她感到自己的儿子已经懂事而且似乎真的长大了。

不幸的是,闵锐的母亲又因为所在工厂破产而不得不下岗,家庭生活再度陷入了低谷时期。但闵锐的聪敏、可爱、懂事让他母亲感到生活又充满了希望,激发了生活的勇气。在母子历尽多年艰苦之后,闵锐终于考上了一所理工大学,儿子喜悦,母亲欣慰。

可是,大学生活两年后,母亲发现儿子逐渐发生了一系列的变化。从最初对母亲备加关注与体贴,学习成绩也优秀,到后来因为网络成瘾而不断旷课、向母亲索要钱,学业成绩逐步下降直至多门学科不及格,最终接到学校的试读通知书。闵锐的母亲被这突如其来的现状所震惊,她不敢接受孩子网络成瘾的事实。更让闵锐的母亲撕心裂肺的是,当她劝孩子应该抓住当今这个时代给予孩子学习的好机会,不要再像父母那样因为文革时代的局限性而被影响和耽误时,这时,闵锐说了一段很绝情的话:"文革这个时代是耽误了一批人,但毕竟还是有人奋斗出来了，现在也生活得很好，为什么你们就不能闯出来呢？现在生活得如此糟糕，给子女留下的只是艰辛与痛苦。”闵锐的母亲无言以对，眼泪扑簌簌地掉下来，然而闵锐面对这场面却无动于衷。

闵锐的真实故事似乎很简单，但从中可以看出闵锐对自己母亲的抱怨。透过这种亲情间的抱怨等情感表现，我们也同样可以获得一种暗示：不论时代如何变换，我们都要认真分析自己所处时代的特点，实事求是、解放思想、与时俱进，从而确保所有这些能够适应时代的变革者取得人生的成功。

第二节　东西南北中

在不同的地域，人们对成功的标准也有很大差别。地域性因素对人们成功心理的影响最明显地就是表现在成功的标准方面。

在人才市场上，来自北京、上海、天津、甘肃、宁夏、西藏等地的大学毕业生，他们在求职时自我设置的成功标准就分别烙有当地环境的印记。特别是与自己所就读的大学有更加密切的关系。在国内与国外学生的成功标准中，彼此差异就更加是大相径庭了。

就拿高中毕业上大学而言，在我国，中学毕业上大学时绝大多数都希望能进入211工程的大学深造，现在更加集中到985工程的重点建设院校了。“985工程”重点建设的学校一期是34所：清华大学、北京大学、中国科技大学、南京大学、复旦大学、上海交通大学、西安交通大学、浙江大学、哈尔滨工业大学、南开大学、天津大学、东南大学、华中科技大学、武汉大学、厦门大学、山东大学、湖南大学、中国海洋大学、中南大学、吉林大学、北京理工大学、大连理工大学、北京航空航天大学、重庆大学、电子科技大学、四川大学、华南理工大学、中山大学、兰州大学、东北大学、西北工业大学、同济大学、北京师范大学、中国人民大学。后来二期又增加4所：中国农业大学、国防科技大学、中央民族大学、西北农林科技大学。这38所院校的选择背后体现出了地域对人们成功心理的影响。如北京人更倾向于选清华、北大；上海人更倾向于选上海交大、复旦；天津人则倾向于选天大、南开……

而在美国与在中国就不一样了，中国大部分学生以能进入北大、清华、复旦、上海交大、中国科大、南京大学、浙大、西安交大、哈尔滨工业大学等大学而感到成功。在美国大多数学生则以能上普林斯顿大学、麻省理工学院、哈佛大学、斯坦福大学、耶鲁大学、芝加哥大学、约翰斯霍普金斯大学、宾夕法尼亚大学、加州理工学院、杜克大学、西北大学、达特茅斯学院等高校为荣（这是《美国新闻与世界报道》对2023年度美国高校进行的排名）。这种国内外大学生志愿选择的成功标准也是地域对人们成功心理的影响的反映。

地域性因素是客观的，而成功的标准是主观的。正是由于地域之间差异的存在，也促使了部分力求改变现状者的跨地域行动，如“教育性移民”“就业性移民”“高考性移民”……

纽约市规划局2005年1月发布了最新“纽约移民人口报告”。报告显示，810万纽约人口中，290万属于移民。其中中国移民26万居第二位（80%来自大陆，12%来自香港，8%来自台湾），排名首位的是多米尼加人，有36.9万。调查还显示，中国移民的一个突出问题就是英语不流利，比率高达74.6%。

即使在同一座城市中，由于人口很多，不同街区之中的市民在获取成功时也应该根据实际地域分布来行动。关于城市人口，我们可以看一则来自联合国经济及社会理事会在2005年2月16日发布的一份报告。报告显示目前全球有20个城市的人口超过1 000万，其中我国上海名列第10名。据这份报告公布的数字，目前人口居前10位的城市依次为：第一，日本东京，3 530万人；第二，墨西哥墨西哥城，1 920万人；第三，美国纽约——纽瓦克地区，1 850万人；第四，印度孟买，1 830万人；第五，巴西圣保罗，1 830万人；第六，印度新德里，1 530万人；第七，印度加尔各答，1 430万人；第八，阿根廷布宜诺斯艾利斯，1 330万人；第九，印度尼西亚雅加达，1 320万人；第十，中国上海，1 270万人。

就拿处于上海市的1 270万市民来说，处于虹口区、闵行区、闸北区以及浦东新区等不同区域者在选择成功的道路时，也有较大差别。

来自“东西南北中”的人们集中在一个国家、一个城市做同一件事情时就得考虑自身的特点，从自身的优势出发，选择适合自身优势的事业。

中国留学生有什么优势呢？2002年第7期的《神州学人》介绍，中国留学生获得英美博士学位数量居世界之首。英国与美国的学位教育历来以高质量著称，其中博士教育更是以其高质量、高要求而被世界公认。当时最新的年度报告统计，在英国获得博士学位的外国留学生中，中国有208人，名列第一，其次是德国（146人）和马来西亚（141人）。在美国，获得博士学位的外国留学生中，中国有2 187人，高居榜首，其次是印度（888人）和韩国（738人）。英美两国高校对获得博士学位的中国学生的普遍评价是：中国学生的优势是理论扎实、学习刻苦，劣势是动手能力较差、创造能力欠缺。专业优势是数学、物理、化学、生物等基础学科，劣势是应用学科。生源优势在清华、北大、复旦等国内重点高校的学生，国家级科研院所和教育部选派的公费留学生。

不同的地域条件塑造了人们不同的地域性特质，人们应该从各自地域性的优势出发，并结合相关地域的特点，知己知彼，成功的道路就能够走得更加顺利。

成功心理行为训练（14）：回顾去年

“回顾去年”的团体活动设计目的是通过个体回顾过去一年对自己有巨大影响的国内外各5件大事（至少1事有1人），并结合自己的实际情况进行简要分析，以此来增强了解时代、地域等因素对成功心理的作用。此活动的开展程序为：

1. 活动以团体行为训练进行为宜。整个团体为80～120人，实际人数视具体情况而定。

2. 把整个团体按8～10人分为一组。如把100人分成10组，每组

10 人。

3. 在各个小组中自荐或他荐产生一名小组长，由小组长负责主持本小组的活动。

4. 小组成员固定，属于封闭型团体。

5. 每个小组成员不需要做任何准备，只需要临时发挥，凭主观感受描述出国外5“人与事”、国内5“人与事”，时间大约为8分钟。

6. 每一个成员利用3分钟的时间把记录的内容进行简要描述。

7. 小组长对所有成员的描述进行总结。

小组成员每人简述一下关于“回顾过去”的体验，结束此次团体活动。

第十五章　年龄与成功

俗话说："三十年河东，三十年河西。"人生就是如此，随着年龄的变化，人们的身体会发生相应的变化，心理状态也处在不断变化之中，社会关系变化更加剧烈，而所有这些因素都将影响着人们的家庭、事业与生活的成功。

第一节　80亿人的共同需要，80多年的风云变幻

年龄，作为一个与人们成功关系十分密切的参数，我们应该如何根据各年龄阶段的特点来成就自己的事业，实现满意和成功的人生呢？

在此，我们先来看看与年龄有关的世界人口及其寿命的变化吧！

早在1930年，全球人口还大约为20亿，1960年上升到30亿，1975年达到40亿，1987年突破50亿，1999年达到60亿。因此，世界人口在70年的时间内增加了1倍。2011年，人口数量达到70亿，2022年，人口数量超过80亿。

人口的增加，引起了全世界的重视。1987年7月11日，南斯拉夫的一个婴儿降生，被联合国象征性地认定为是地球上第50亿个人，并宣布地球人口突破50亿大关。为纪念这个特殊的日子，1990年联合国根据其开发计划署理事会第36届会议的建议，决定将每年7月11日定为"世界人口日"，以唤起人们对人口问题的关注。据此，1990年7月11日遂成为第一个"世界人口日"。1999年10月12日世界人口

达60亿，联合国确定那天为世界“60亿人口日”。

2007年6月28日，联合国发布《2007世界人口状况报告》。报告指出，世界必须为城市化做好准备，到2008年，全世界生活在城市中的人口将首次超过世界人口总数的一半，达到33亿。全世界总人口为66亿。其中人口最多的5个大国为：中国（13亿），印度（10亿），美国（2.93亿），印度尼西亚（2.38亿），巴西（1.84亿）。

在2007年的世界卫生报告中的统计显示，意大利东北部小国圣马力诺男性最长寿，为80岁；澳洲、冰岛、日本、瑞典及瑞士男性的平均寿命亦达79岁；加拿大、摩纳哥及新加坡等地男性寿命为78岁；英、法、德男性亦有77岁；美国及古巴等男士寿命则为75岁；中国男性平均寿命为71岁。女性方面以日本最长命，平均寿命为86岁；摩纳哥妇女紧随其后，她们平均活至85岁；西班牙、澳洲、法国、意大利及瑞士等地的女性平均活至84岁；英国及美国妇女一般寿命分别为81岁及80岁；中国女性则为74岁。平均寿命最短的要数非洲塞拉利昂的男士及非洲斯威士兰的女性，他们的寿命均是37岁。

在世界现有的约80亿人中，人人都需要成功，人人都希望成功。但每个人的生命都是有限的，世界人口平均年龄为70多岁，最长寿国家平均寿命为83.7岁。根据美国数据，全球224个国家和地区中，男性的平均寿命为70.31岁，女性为75.33岁。在这短短的80多年的人生中，如何做到终身的成功呢？

这里需要人们明确两点：

第一，追求自己的成功，尊重他人的成功。

我们都有追求自己成功的权利，但他人也同样有追求自我成功的权利。2022年，世界大约已有80亿人，在中国2023年1月7日国家统计局公布已经达到14.117 5亿，这些人都需要自己成功的人生，不管他现在是刚出生的婴儿，还是步履蹒跚的老人。

第二，人生百节草，谁知那节好？

在人生经历的80多年中，即使按最长寿者计算也不过120年，在期间的任何一年中，都有可能出现人生的危机事件，但只要按成功心理学的规律计划、决策、行动，就能够获得终身的成功。

第二节　不输在起点

一个人的幸福与成功的人生是从什么时刻开始呢？

一个人的成功人生最早存在于他的父母的婚姻之中，幸福的婚姻缔造出美满的家庭，美满的家庭孕育出优秀品格的子女。甜蜜的婚姻为家庭及其子女播下成功的种子。而不幸的婚姻则可能为家庭播下悲惨或失败的种子。父母幸福的婚姻家庭生活是新生命人生成功的根据地。

人的一生是从受精卵开始的，分析一个人成功的一生，往往自然而然地要分析到这个个体的父亲与母亲。正是这些做父母者在为婚姻的结晶做精心准备时，总是全力收集一切可以收集到的资源，为孕育一个心身健康的小宝宝创造最佳环境，以确保孩子在竞争激烈的年代不输在生命的起点。

健健，男，10 个月的小宝宝，每天可以在床上爬来爬去，活泼可爱，见到熟悉的面孔时在父母的指导下还能说“再见”之类的词语，还会微笑着招手示意。眼看健健这些可爱的表现，他的父母由衷地感到一种成功的喜悦。

可是，在 10 个月前，特别是在健健母亲怀孕的日子里，健健的父母为了确保生育一个健康的小宝宝，他们心里却常常充满着忧虑和怀疑，甚至有时还非常恐惧。有时因为父母的优生观不一致，彼此还会引起不大不小的争论。

有一次，健健的母亲在怀孕期间因为患感冒而高烧几天，当高烧退了后，她心里开始不断地嘀咕：这次高烧会不会对肚子里的宝宝造成影响？会不会影响胎儿发育？为了“健康的下一代”，她还专门到全市最好的妇产科医院，挂了最好的优生学主任医师（据说还是享受国务院特殊津贴的专家)的门诊号,结果那位主任医师听了情况后,二话没说就做出了诊断结果:“要确保优生,建议做人流。”同时,主任医师还补充道:“我所讲的影响只是一种可能,但不一定会在你的身上发生,我只是提此建议,最终决定你们自己拿。”

面对这种模糊不清的信息,健健的父母展开了激烈的争论。健健的母亲是一位医务工作者,她倾向于听取主任医师的意见,而健健的父亲则对不确定信息持怀疑态度,对主任医师的诊断表示否定。两人的观点最后集中到“影响的概率”这一具体的数字上。健健的母亲有一句名言:在优生学中,百分率没有任何意义,一个发生概率为百分之一的疾病当发生在具体的个体身上时,那就是百分之百。原来优生学的专家都是在为消除发生概率为百分之一的疾病而努力工作着。

最后在进一步搜集资料并征求多方意见后,健健的父母做出决定:否定主任医师的观点,按既定方针办。后来,在连续不断的检查中,B超、彩超、验血、胎位等都不止一次地做了又做。健健就是这样在严密的监测下呱呱坠地并健康地成长着。

其实,几乎每一个有责任心的家长都是在这种诚惶诚恐之中度过妊娠期的。正如一位妇产科医生所说:做父母的都巴不得能从肚子里把胎儿取出来看看,然后再放回肚子里啊!

透过健健的故事,让我们领会到的一个真谛,那就是,每一个宝宝来到这个世界上都是很不容易的,他们的父母为了不让自己的孩子输在成功的起跑线上,通常都会充分做好多项产前综合检查以及产后的系统化教育。

第三节　吃喝拉撒睡,走说玩游戏

如果说胎儿时期是我们成功的人生第一段路,那么婴幼儿阶段(即0岁至六七岁)的成功道路就是第二段。面对这段波浪起伏的道路,作为成人,应该怎样使婴幼儿的人生道路得以顺利延伸呢?这个阶段的孩子，他们的成功标准是什么？

研究揭示，婴幼儿的成功标准可以概括为“吃喝拉撒睡，走说玩游戏”，具体而言，就是指婴幼儿能够顺利学会“吃”“喝”“拉”“撒”“睡”“走路”“说话”“玩游戏”等要素及相关技能。

一、吃与喝

吃饭喝水，对于一个成年人来说是非常容易的事情，但对于一个婴幼儿来说，却并不容易。婴儿从吮吸母乳到自己拿起饭碗吃饭却要经历两三年的成熟与训练。

我的宝宝2004年6月4日出生，到2005年8月19日，宝宝已经一岁两个半月了。就在这天中餐时，宝宝一边吃午饭，手却一刻不停地东摸西拿，当时饭桌上除了摆放着几盘菜之外，还有饭碗和一个装有水的玻璃水杯。考虑到便于宝宝能看到我们吃饭的餐具等，我们选用的饭桌是低桌面的。在不经意之中，当我突然发现宝宝双手颤巍巍地主动端起玻璃水杯送往自己的嘴边并且开始喝水时，我惊叫了一声，并且叫妻子前来观看。我兴奋地呼叫：宝宝自己喝水成功了！

此时我不禁联想起前几天《今日说法》播出的一个节目，其中谈到一个3岁小孩单独与爷爷生活在一起，由于爷爷突然生病而去世，这位可怜的3岁小孩因为从来没有进行过下床的训练，也根本不懂得如何找到食物解决吃喝问题，因而活活地被饿死了。能吃好喝好，对婴幼儿来说就是生活成功的一半。

二、拉与撒

谈到拉屎撒尿，不少成年人可能会掩鼻而听，备感恶心，或者嗤之以鼻，认为不足挂齿。拉屎撒尿，谁能不会？

可是，对于一个精心抚养过孩子的家长来说，他们就深有体会：亲身经历一个孩子从可能随时随地地拉屎撒尿到自主控制排便排尿，会不断感受到巨大的喜悦、成功的兴奋。

在宝宝出生后的8个多月的时间内，宝宝基本上是平均每周一次大便。为此，我与爱人搜寻了很多资料，并想了很多办法，但都不见效果。在出生后4个月左右时，我们决定到医院为宝宝做一次B超，检查一下宝宝的肠胃，看看是不是有什么异常，经天津市儿童医院的专家鉴定，没有发现任何异常现象。至于为何每周只会大便一次，儿科医生们也没有十分明确的答复。

直到第九个月时，宝宝断奶而开始改吃米饭了。喜人的事情发生了，宝宝每天都能拉一次大便了，而且时间比较稳定。积淀在我们心中的疑惑随之消散了，宝宝的成功断奶给我们带来了双重成功的喜讯。

事实上，当我们看到小宝宝第一次按照成人的语言指令坐在便盆上拉屎撒尿时，特别是自己第一次主动要求到厕所里拉撒时，可以说我们又看到婴幼儿生活成功的另一半。

三、睡眠

我们强调吃喝与拉撒在儿童生活成功评定中的作用时，婴幼儿生活成功还有一个指标也不可忽视，那就是睡眠。乍看起来，睡眠好像具有不可控性，孩子疲劳了该睡就睡呗！事实上，不是这样。婴幼儿的睡眠也是可以适当调控的，培养婴幼儿的良好睡眠习惯既有利于孩子成长，也有利于成人的工作。

我宝宝在出生后不久，有一段时间他的睡眠时间正好和我们正常的睡眠时间倒过来了。在白天，宝宝呼呼地睡个没完没了，到晚上，宝宝则精神焕发、又乐又笑。我们白天忙了一天之后，晚上还得陪同宝宝乐呵乐呵，几天下来我们都感到筋疲力尽。后来，经婴幼儿保健专家介绍，宝宝白天睡眠的时间需朝着晚上入睡时间逐步推迟，每天推迟几小时，几天后就能扭转过来。按照此方法，宝宝的睡眠规律很快矫正了，全家的作息和谐，生活幸福而甜蜜。

良好的睡眠，有助于婴幼儿体内生长素的分泌，促进身体的健康发育。良好的睡眠，还可以给宝宝带来很好的心情，消除其各种烦躁心理表现，有利于宝宝健康人格的培养。正因为如此，我们才把“睡眠”也作为衡量婴幼儿这个年龄阶段的成功标准之一。

四、走路与说话

如果说吃喝拉撒睡更多的是强调婴幼儿成功成长的生理方面的要素，那么“走路”与“说话”的学习则是他们成功成长的社会方面的要素。其中“能直立行走”是人区别于动物的特征之一，而“能说话表意”是人区别于动物的特征之二。

宝宝从整天躺卧在床到出现抬头、翻身、坐立、爬动、牵手迈步行走、独立漫步行走等，每一个新行为新动作的出现，都使我一次又一次地体验到宝宝行为变化的巨大震撼，我还把它作为小宝宝自身人生道路上一个又一个里程碑式的成功计入其成长档案。

2005 年 8 月 4 日，这是我宝宝正好出生 14 个月的纪念日。当天傍晚，我和爱人带宝宝到天津市 78 中校园内漫步。雨后的傍晚，使校园的水泥路面显得更加干净，同时也使人感到空气的一丝湿润与清新。平日里，宝宝总需要他人牵着他自己的手才敢行走，这种现状已经有几个月了。正当爱人牵着宝宝的手行走时，我跑到距离爱人两三米远的地方，然后叫爱人把孩子的手放开，这时宝宝便能朝我单独蹒跚走来。目睹此情景，我们喜出望外，欢欣与喜悦全然洋溢在幸福的笑脸上。同时，我不由自主地尝试性地把自己与爱人之间留出的距离扩大得越来越长，从两三米直到 20 多米，一次又一次地让孩子尝试着放手行走，而且一次又一次地都成功了。看着孩子跌跌撞撞地首次成功独立行走，我们猛然感觉到宝宝一下子成功地长大了很多很多。

在行走方面，其实我们绝大多数正常人都能成功地经历这个过程，但是不是每一个人。像著名艺术家赵丽蓉的女儿从 1970 年出生直到七岁死去时，就没有经历过这般独立行走的场面，因为她是一个脑瘫儿。因此，能成功地走路，作为婴幼儿成功的标准之一是半点也不为过的。

而在说话方面，个体差异较大。儿童在语言方面的发展也是一个不断模仿、不断教育的过程。而每一个词的出现都隐藏在一个个故事之中。

2005年5月7日,这是宝宝出生后正好11个月零3天的日子。当天中午12点40分左右,我正好在给宝宝照相,后来又改为帮宝宝录像。当时,宝宝正穿着白蓝格子的衣服躺在婴儿摇篮里,嘴里牙牙学语地说个不停。正好这时爱人也在宝宝的床边,她和我都不断地对宝宝说"叫爸爸""叫爸爸"……恍惚中,我们感觉宝宝的发音中,有一个发音趋近于"爸爸"的声音,于是我们加紧了对宝宝的"叫爸爸"的喊话。突然,我发现宝宝看着我们,屏住了一会儿呼吸似的,接着就大声地叫了一句"爸爸",而且重音在第一个"爸"字上,发音清晰准确,我顿时激动万分,不由自主地对宝宝进行称赞道:"好宝宝""好宝宝"。我爱人也不禁问:"录上了(宝宝叫'爸爸'这声音)吗?"我回答道:"录上了。"

说话的学习,如果上升到理论高度,那就是语言的学习,这不仅是婴幼儿的成功标准之一,也是贯穿一个人终身过程的成功标准之一。包括现在强调的少儿双语学习等问题,这是既有争议的话题,又是在实际生活中不断被推广的活动。如香港中文大学校长刘遵义特别强调双语能力培养的重要性,双语能力的培养可以造就跨国经济的发展,不仅增加个体成功的机会,也可以促进民族事业的成功与繁荣。但也有不少反面的观点。

五、玩游戏

在儿童心理学中,通常把人类的活动分为三大类:游戏、学习与劳动。而在婴幼儿时期,游戏属于主导性活动。人的社会性不仅体现在走路与说话两方面,而且更充分地体现在玩游戏的各种活动之中。不过,不同年龄的婴幼儿,所玩的游戏不同,从最初借助各种玩具的游戏到分配扮演角色的游戏,游戏的社会性要素显得越来越重要。

在照看宝宝成长的第一年内,我与爱人给宝宝物色的各种玩具已达百余个(其中还不包括自己制作的玩具),如各类汽车玩具、火车玩具、积木、小鸡、小鸭等等。为了增强宝宝的社会性行为的训练，我不断地为宝宝设计各种游戏段子，如“追宝宝”“（床单背后的）捉迷藏”“摇头子”等。其中“追宝宝”就是让妈妈抱着宝宝，然后由爸爸来呼叫“追宝宝”，宝宝就会高兴地而且紧密地抱住妈妈，由此增强宝宝与父母之间的亲密感，促进社会化的进程。

事实上，“玩游戏”不仅存在于儿童时期，我认为游戏、学习与劳动这三类活动贯穿于个体的终身生活之中，只是在不同年龄阶段各种活动所占的分量及性质有差别，或者活动的名称有所改变。成人的娱乐其本质与儿童的游戏基本是一致的。

但科学而合理地组织好婴幼儿的玩游戏活动，可以使他们通过游戏活动学习一些常识性知识，参加一些模仿性的社会劳动，从而为他们今后的人生道路铺下成功的基础。

第四节　写算唱画，兴趣分化

人类的兴趣最早分化在多大年龄呢？是在学龄前阶段还是在学龄阶段？有的人擅长于“写”，有的人则擅长于“算”，还有的人擅长于“唱”或“画”，等等。

兴趣是人对客观事物的一种积极的认识倾向，是一种复杂的个性品质，兴趣推动人们去探求新的知识，发展新的能力。兴趣是在一定社会生活和教育影响下发展起来的。

从自己的优势出发，尽早培养适合于自己的兴趣，是个体今后事业成功的基础。通常说来，处于小学阶段的儿童，在家长和教师等的教育影响下，在其自身的知识经验不断积累发展的情况下，他们的兴趣也在不断分化发展着。

通常地，小学儿童的兴趣分化的规律是：最初是对学习的过程以及对学习的外部活动更感兴趣，然后才逐渐对学习的内容以及对需要独立思考的学习作业更感兴趣。在整个小学时期内，兴趣最初是不分化的，在教育的影响下，然后才逐渐对不同学科内容产生初步的分化性兴趣。小学初期儿童的兴趣总是不稳定而且容易变化的，兴趣的形成与发展在很大程度上取决于学习成绩的好坏；儿童参与的游戏活动是在低年级小学儿童的兴趣发展中起着较重要作用的因素。

理学院数学系的小杨，他之所以走上数学发展的道路，其原因之一就是因为在数学学习过程中，他经常受到数学老师的表扬，数学的好成绩使他不断体验着愉快的情感。同样地，对于一些学习课程的成绩较差，他感受到的是学习失败使人体验着的一种痛苦的情感，从而影响着他对该学科的兴趣。学习成绩好坏直接影响着儿童学科兴趣的形成，因此，老师们都应该认真对待学生的考试成绩，多鼓励，多表扬，少批评。让学生在愉快的情绪体验中形成并发展自己的兴趣。

艺术方面的天才似乎兴趣分化年龄都比较小。而对大多数人才来说，个人最早的兴趣可能是在学习过程中渐成的，这里的学习不仅包括学校内的课堂学习，也包括课堂外的课余活动。但也有一部分人兴趣的形成是源于家庭环境的熏陶。

廖沫沙就是一个深受其父亲影响的文学家。廖沫沙在《锲而不舍，金石可镂》中讲述道："当时生活流动，没办法上学，可是，我却恰恰在这时产生了浓厚的学习兴趣。父亲略识几字，特别爱看小说、唱本，肚子里故事可多了，常常是一边看一边唱，开口闭口是关云长、赵子龙，我听着真入神。原来书里有这么多新鲜有趣的事儿啊。渐渐地听着不过瘾了，总想知道个究竟。父亲看完书扔在一边，我就抱起来看，其实那时我一个字也不认识，只是画画小人儿而已。五六岁时，我就上了私塾。以后便有条件自己去看赵子龙了。何止赵子龙呢？《三国演义》《东周列国志》《今古奇观》，凡是父亲有的书我全看过了。看小说使我打下了文学、历史知识的底子，也养成了有空就看书的好习惯。"由此可以看出，廖沫沙的文学兴趣与其父亲对他的潜移默化密切相关。

在儿童的兴趣形成发展过程中，还要注意到兴趣的稳定性与可变性。譬如著名雕塑家罗丹最初就一心想做画家，他觉得自己完全被色彩迷住了！由此，他就经常去欣赏提香河伦勃朗的画。但是，罗丹自己没有足够的钱来买画布和颜色。而临摹古代雕塑，只需纸和铅笔，开支较少。此后，罗丹逐步对雕塑有了浓厚的兴趣，不再想其他事。经济条件重塑了罗丹的兴趣。

人们的兴趣的形成不仅受限于客观物质因素，也受限于个人有限的精力。像居里夫人这样著名的科学家，她说自己对于文学也和对于社会学和科学一样地感兴趣，不过在她很多年的工作中，她总试图慢慢地找出她真正感兴趣的东西，在寻找过程中，她的兴趣最终转向了数学与物理学。

兴趣对人成功所产生的作用在于它能使我们的注意力高度集中，从而使人们高效地完成相应的学习或工作。兴趣爱好促使人勤奋，而勤奋又促使所谓的天才的形成，并最终推动人们的学习与事业走向成功。

引导儿童顺利地培育好自己的兴趣，正是衡量此阶段儿童是否成功的重要标准之一。

第五节　成家立业，家和业兴

我国有一句俗话：成家立业是人生大事。此话隐含着人生的成功就体现在“成家”与“立业”两个重要方面。至于是“先成家，后立业”，还是“先立业，后成家”，仅以此就可以把大学生分为两大类，而且这两类观念之间的利弊彼此也争论不休。

如果仅从“成家”这个视角来看，起始年龄尽管法律规定应该在20岁（女）或22岁（男）之后，不过事实上的成家年龄个体相差很大，有的人可能还不到20岁就已经有孩子了，有的人可能40岁还没有结婚。有的人成了家，但未必立了业；也有的人立了业，却未必成了家；还有的人家未成好，业也未立好；还有一部分人是既成好了家，也立好了业。

实际生活中，婚姻“成家”本身与年龄也呈现复杂的关系，小到10

多岁、大到80多岁甚至更大的年龄，都可能缔结形成新的婚姻家庭。下面不妨看看人类的婚姻年龄进行曲。

16岁：吴阶平(1917年1月22日生)是我国著名的医学家，前九三学社中央主席。1933年，吴阶平考入燕京大学医学预科。开学没几天，16岁的吴阶平就结了婚，在燕京大学成了新闻人物。

19岁：杨开慧结婚(1920年)。

23岁：卓琳结婚(1939年)。邓小平当时是八路军129师政委，卓琳是一个年轻的女学生。对这位从前方来的长征干部卓琳缺乏了解。邓小平并不灰心。卓琳说："后来他就找我谈了两次，第一次谈他的情况；第二次谈他的希望。我听听，觉得这个人还可以。他是有点知识，是知识分子。第二个呢，我想，反正早晚都得结婚。我那时候已经23岁了，我说算了吧，凑合吧。"

江泽民也是在23岁时和恋人王冶坪结婚(1949年底)。王冶坪毕业于上海外国语学院，性格内向，为人低调。

26岁：著名画家、老舍先生的夫人胡絜青与老舍结婚(1931年)。

27岁：毛泽东(与杨开慧)结婚(1920年冬)。

28岁：杨振宁(与杜致礼)结婚(1950年)，翁帆结婚(2004年)。

35岁：邓小平结婚(1939年)。

38岁：迟重瑞结婚(与陈丽华)(1990年)，唐僧的扮演者，1952年生，比陈丽华(1941年生)小11岁。

49岁：陈丽华结婚(1990年)，香港国际富华集团董事长。

82岁：杨振宁(与翁帆)结婚(2004年)。

……

结婚有先后，生育有迟早。对婚姻的不同经营方式，由此而创建的适合儿女成长的根据地也不同。父母的婚姻状况及家庭环境对一个人的成功固然重要，但它不是最后的决定因素。

青年期是人们成家立业的主要时期。青年的年龄范围过去是指18～28岁，现在已经扩展到18～40岁。青年的时光是人生中最美好的一段，青年精力充沛、记忆力强，能接受大量的新鲜事物，最具有创造性。同时，青年也是开始成立自己的家庭、创立自己的事业的黄金时期。“成家立业”是青年成功的重要标准之一。

曾小姐，大学毕业，1976 年生，29 岁。在一家银行上班，月薪 1 000 余元，她对自己的工作较为满意。父母都是某高校的教授，生活条件优越，家庭幸福。唯一美中不足的是，自己多年对爱情的追求却始终没有结果，曾小姐的婚姻问题几乎成了整个家庭的头等大事。而在家庭的全部成员中，应该说还是母亲李红最操心，李红在与人日常交谈过程中，一发现比较合适的交流伙伴就会把自己女儿未婚的事告诉他们，甚至把自家的电话留给他人，以创造解决问题的机遇。其次感到焦虑的就是曾小姐的父亲，尽管父亲不会像母亲一样到处宣传广告，但也在周围同事的子女或学生中刻意地观察和物色最佳女婿人选。最不上紧的恰恰是当事人曾小姐本人，她把父母苦苦经营创造的一次次机会等闲视之，以至于把婚姻延迟到如今比较尴尬的年龄。

多次恋爱机会的丧失，在曾小姐的内心逐步形成了一种婚姻挫败感，加上周围人群的议论以及媒体对女性婚姻年龄的论述，使事业处在顺利发展之中的曾小姐却开始深深地体验到了“婚姻成家”的失败之痛。

华东师大心理系的一位教授还就事业与婚姻家庭之间的关系在上海四所高校本科生中进行了一次调查，调查结果显示：68. 2% 的女大学生认为人生最重要的支撑是“婚姻、家庭的亲情和关爱”，注重“理想、信仰及事业追求”的大约有 19. 7%，认为“金钱与物质财富”为重要支撑的占 9. 1%。

调查还发现，当他们在现实中如果事业与婚姻发生冲突时，在自我指向上，愿意成为婚姻家庭指向型的知识女性占到了 32. 8%，而愿意成为事业指向型知识女性的为 25. 4%，享乐型的自我中心女性为 35. 8%。婚姻家庭指向型的人数超过了事业指向型的人数。先“成家”后“立业”的婚姻价值观念逐步在向传统回归。研究表明，现在“让女人回家”的观念已不再是外在的呼吁，而是成了一部分女性、包括受过高等教育的女大学生的主动选择。

但是，人到中年(40 岁至 60 岁)后，各种压力最重。上有父母，下有儿女，中间还有事业。中年人既要使自己的家庭和睦幸福，又要使自己的事业兴旺发达。“家和业兴”则是中年人成功的重要标准之一。

如果处理不妥，家庭不和，事业受挫，失败心理就会困扰着中年人。

金莉莉，32 岁的女性，她与丈夫结婚已经十余年了。这些年来，她对丈夫一片忠心，同时也对丈夫感到十分信任。可是，一个月前，她突然发现丈夫的手机电话有点神神秘秘，而且丈夫接听时也神经兮兮的，最严重的还是丈夫陆续开始在一些晚上不回家了。金莉莉在潜意识中感觉到是不是丈夫在外面有了心中相好的人呢？

随后，金莉莉向几位要好的朋友倾诉了此事，并制定了一个系统的跟踪计划。跟踪结果表明：金莉莉的丈夫确实在外面与人联系业务的过程中结识了一位年轻女子，两人一见如故。很快地，他们除了是生意场上的伙伴，在生活上也开始了一段说不清道不明的关系。

面对这一切，金莉莉在自己的家庭生活中感觉到了一种前所未有的被欺骗感与失败感。

“家和业兴”毕竟是中年人一种理想的成功状态，除了主观原因会使其遭受影响和变化外，一些客观原因也可能破坏良好家庭与美好事业的格局。2005 年 8 月，事业处于发展巅峰的何庆魁前后十天之内失去了大儿子与妻子(著名小品演员高秀敏)两人，整个家庭几乎崩溃了。与此同时，何庆魁的写作事业也必然大大地受挫，正如何庆魁所说“我不知道自己以后还能不能再写作了”。

不论原先家庭状况如何，是幸福的还是不幸的，只要全体成员齐心协力、苦心经营，应对各种变化，从自己中年的优势出发，就能够达到“家和业兴”的成功标准。

第六节　最后的成功(死亡与成功)

最后的成功,实质上是要讲述“死亡与成功”的具体内容。

人人都会死亡,死亡在个体身上的发生只是时间的早晚而已。但如何应对死亡却因人而异,应对死亡不仅仅是个体生命存在时的一种观念问题,还是个体生命终结前必须处理和完成的最后事件。对这最后事件的圆满处理就是本节所要阐述的最后的成功。

然而,人生的道路充满着各种变数,突发事件、自然灾害、意外事故、致命疾病以及人为伤害等等都可能使个体寿命发生变化,导致寿命的不可预测性。

下面我们先来看看现实生活中的死亡档案:

13 岁:周越(1988—2001),2001 年 12 月 16 日晚在山东省乐陵市人民医院停止了 13 岁的花样生命。死因:血癌,癌细胞侵入颅脑,导致呼吸衰竭。山东乐陵三中学生,2001 年春节过后不幸被检查出患有白血病。2001 年 6 月,周越主动提出要立遗嘱捐献自己的遗体供医学研究之用,或者把自己的器官捐献给其他人。2001 年 12 月 17 日上午 12 时,山东大学遗体接受捐献中心接受了遗体捐献。

14 岁:赖宁(1974—1988),1974 年生于四川省石棉县,1988 年 3 月 13 日,石棉县海子山突然发生山林火灾,为了扑灭山火,挽救山村,保护电视地面卫星接收站的安全,赖宁主动加入扑火队伍,在烈火中奋战四五个小时,不幸献出了宝贵的生命。1989 年 5 月,共青团中央、国家教委授予赖宁“英雄少年”称号。

15 岁:刘胡兰(1932—1947),1932 年 10 月 8 日生于山西省文水县云周西村,1947 年 1 月 12 日在她的家乡突遭军阀阎锡山的部队袭击时不幸被捕。面对敌人她坚贞不屈,视死如归,后在敌人的铡刀下英勇就义。牺牲后被中共晋绥分局追认为中共正式党员。毛泽东亲笔为她题词:“生的伟大,死的光荣”。

16 岁:祁晓宇(1989—2005),2005 年 4 月 24 日从自家七楼跳下死亡。本溪市第 27 中学 16 岁女生。死因:因被怀疑“偷”手机而跳楼自杀身亡。

20 岁:张丽萍(1982—2002),莱西一中女中学生。死因:肾癌。遗言:“妈妈,如果我的病好了,我一定要考上大学,将来用知识回报社会;如果我死了,就把我的遗体捐给社会,用于救别的人……”死后,她的父母将她的遗体捐给了青岛大学医学院人体解剖教研室,用于教学和科研事业。

22 岁:雷锋(1940—1962),1940 年出生于湖南望城县的一个穷苦农民家庭,1962 年 8 月 15 日指挥行车时(驾车战友为乔安山)死于车祸。1963 年 3 月 5 日毛泽东发出“向雷锋同志学习”的伟大号召。雷锋精神培育着一代又一代新人成长。

23 岁:聂耳(1912—1935),1912 年生于云南玉溪,1935 年 7 月 17 日,聂耳在日本鹄沼海滨游泳时遇难。死因:溺水。他作曲的《义勇军进行曲》于 1949 年 9 月 27 日经全国政协第一届全体会议决议,作为中华人民共和国正式国歌未制定前的国歌;1982 年 12 月 4 日,经全国五届人大五次会议决议,正式定为《中华人民共和国国歌》。

25 岁:阮玲玉(1910—1935),1910 年 4 月 26 日生于上海,1935 年 3 月 8 日逝世于上海。死因:服安眠药自杀。死前留下“人言可畏”的绝笔。

30 岁:邓恩铭(1901—1931),1901 年 1 月 5 日出生贵州省荔波县水浦村,水族,中共“一大”代表中唯一的少数民族,1928 年在济南因叛徒出卖被捕,两次越狱未果,1931 年 4 月 5 日英勇就义。

34 岁:赵尚志(1908—1942),1908 年出生于辽宁省朝阳县,1942 年 2 月 12 日在鹤立县梧桐河牺牲。死因:被日军杀害。东北抗日联军第 3 军军长。

50 岁:施光南(1940—1990),1940 年生于重庆南山,父母为他取名光南,含有“光照南山”之意。1990 年 5 月 2 日倒在每日相伴的钢琴旁。

53 岁：邓练贤（1949—2003），汉族，1949 年 12 月 9 日出生，广东省台山市人，中山大学附属第三医院传染病科党支部书记。2003 年 4 月 21 日下午 5 时 40 分，因冲锋在抗击“非典”最前线被传染而逝世。死因：SARS。

55 岁：鲁迅（1881—1936），1881 年生于浙江绍兴，1936 年 10 月 19 日死于上海。鲁迅患有肺结核、肋膜炎，但这不是鲁迅直接的死因，直接死因是肺气肿，造成气胸，压迫心脏，造成心率衰竭。（1984 年，上海鲁迅纪念馆组织了一批著名的肺科专家对鲁迅的 X 光胸片进行会诊。这些 X 光片拍摄于鲁迅逝世前四个月。）

63 岁：诺贝尔（Nobel，1833—1896），瑞典发明家与慈善家，创设诺贝尔奖。

70 岁：田汉（1898—1968），1898 年 3 月 12 日生于湖南长沙东乡的农民家庭，《中华人民共和国国歌》歌词（1934 年为电影《风云儿女》所作的主题歌）的作者。1968 年 12 月 10 日屈死于狱中。死因：被迫害。

81 岁：亨利（1797—1878），1797 年诞生于纽约州奥尔贝尼一个贫穷的家庭，1878 年 5 月 13 日在华盛顿去世。1830 年 8 月，他在实验中观察到了电磁感应现象，这比法拉第的发现几乎早一年，遗憾的是亨利没有及时公开发表自己的实验结果。后来人们为纪念亨利，用他的名字来命名电感的单位。

99 岁：冰心，本名谢婉莹（1900—1999）。1900 年（清光绪 26 年）10 月 5 日，出生在福建省福州市（当时还叫做闽侯县），1999 年 2 月 25 日去世。

100 岁：马寅初（1882—1982），1882 年生于浙江嵊州，1982 年 5 月 10 日下午 5 时在北京逝世。中国著名经济学家。

122 岁：雅娜·路易斯·卡尔曼特（女，1875—1997），1875 年 2 月 21 日生于法国，1997 年 8 月 4 日死于法国，享年 122 岁 164 天。（吉尼斯纪录中世界上最长寿的人。）

以上例子中涉及不少家喻户晓的英雄人物,他们的生命虽然比较短暂,但却用自己的牺牲换来了他人的幸福。正如陈乔年所说,“让我们的子孙后代,享受前人披荆斩棘的幸福吧!”高质量地生活得更长久,在英雄人物中则以一种更高的精神境界得以呈现。

纵观上述简短的人类死亡档案,显然可以看出:死亡不是老年人的专利,黄泉路上无老少,任何年龄都可能出现对生命产生威胁的因素。

人生的最后的成功,就是指要让每一个人高质量地生活得更长久!

要达到“高质量地生活得更长久”这十个字的目标,需要注意一些基本事项:一是保重身体,多锻炼,多检查,早发现问题,早治疗疾病;二是乐观待人处事,坦然面对多变的世事;三是笑待逆境,情绪不因遭遇的悲喜事件而激烈地波动,消除影响身体的各种心理因素。

不过,老年社会的到来,让人们对老年人开始给予了越来越多的关注。老年人作为一个社会群体,他们的生活如何与成功联系起来?怎样的老年生活才是成功的生活?怎样的老年事业才是成功的事业?诸如此类的问题也是“最后的成功”中需要深入探讨的话题。

成功心理行为训练(15):最美夕阳红

“最美夕阳红”的团体活动设计目的是通过对老年生活的目标构想、行动方案等的规划,在思想上稳固确立终身成功的观念。此活动的开展程序为:

1. 活动以团体行为训练进行为宜。整个团体为 80~120 人,实际人数视具体情况而定。

2. 把整个团体按 8~10 人分为一组。如把 100 人分成 10 组,每组 10 人。

3. 在各个小组中自荐或他荐产生一名小组长,由小组长负责主持本小组的活动。

4. 小组成员固定,属于封闭型团体。

5. 每个小组成员对自己在 61 岁以后的老年生活进行具体描绘,并尽可能详细地列出各时间段所能完成的成功事情。时间大约为 8 分钟。

6. 每一个成员利用 3 分钟的时间把记录的内容进行简要描述。

7. 小组长对所有成员的描述进行总结。

小组成员每人简述一下关于“最美夕阳红”的体验,结束此次团体活动。

附录　优势识别器的34个主题

《现在,发现你的优势》共分七章:第一章、辉煌人生;第二章、发展优势;第三章、优势识别器;第四章、优势识别器的34个主题;第五章、你在问的问题;第六章、管理优势;第七章、建立优势组织。

下面简要介绍优势识别器的34个主题。

1. 完成(Achiever):在"完成"主题方面强的人有巨大的毅力(stamina)而且工作勤奋。他们从忙碌和多产中感受到很大的满足(People strong in the Achiever theme have a great deal of stamina and work hard. They take great satisfaction from being busy and productive)。

2. 激活(Activator):在"激活"主题方面强的人能通过把思想变成行动的方式促使事情发生。他们常常急躁、不耐烦(People strong in the Activator theme can make things happen by turning thoughts into action. They are often impatient)。

3. 适应性(Adaptability):在"适应性"主题方面强的人偏向"随波逐流"。他们倾向于成为"现在的"人,即当事情降临时他能接受,而且每一次都会发觉未来的前景(People strong in the Adaptability theme prefer to "go with the flow." They tend to be "now" people who take things as they come and discover the future one day at a time)。

4. 分析(Analytical):在"分析"主题方面强的人爱寻找理由和原因。他们有能力去思考可能影响一种情景的所有因素(People strong in the Analytical theme search for reasons and causes. They have the ability

to think about all the factors that might affect a situation)。

5. 部署(Arranger):在"部署"主题方面强的人善于组织,他们也有弥补这种能力的灵活性。他们爱构思如何把所有的物件与资源安排好以产生最大生产效率(People strong in the Arranger theme can organize, but they also have a flexibility that complements this ability. They like to figure out how all of the pieces and resources can be arranged for maximum productivity)。

6. 信念(Belief):在"信念"主题方面强的人有确定的核心价值观念,这些价值观念是不变的。出于这些价值观念,形成了他们生活的一个界定了的目的(People strong in the Belief theme have certain core values that are unchanging. Out of these values emerges a defined purpose for their life)。

7. 命令(Command):在"命令"主题方面强的人能展示。他们能控制一种情境并能做出决定(People strong in the Command theme have presence. They can take control of a situation and make decisions)。

8. 沟通(Communication):在"沟通"主题方面强的人通常说来容易把他们的思想转化为词语。他们是好的健谈者和好的推荐人(People strong in the Communication theme generally find it easy to put their thoughts into words. They are good conversationalists and presenters)。

9. 竞争(Competition):在"竞争"主题方面强的人爱根据其他人的成绩来测量自己的进步。他们尽力在竞赛中赢得第一名而且由此狂欢(People strong in the Competition theme measure their progress against the performance of others. They strive to win first place and revel in contests)。

10. 连通性(Connectedness):在"连通性"主题方面强的人相信所有的事情之间都有联系。他们认为几乎没有偶然性,而且认为几乎每一个事情都有一个原因(People strong in the Connectedness theme have faith in the links between all things. They believe there are few coincidences and that almost every event has a reason)。

11. 一致性(Consistency,以前称为公正 formerly Fairness):在"一致性"主题方面强的人可敏锐地意识到需要同样待人,他们通过建立明确的规则而且坚持这些规则来一致地对待世界中的每一个人(People strong in the Consistency theme are keenly aware of the need to treat people the same. They try to treat everyone in the world with consistency by setting up clear rules and adhering to them)。

12. 背景(Context):在"背景"主题方面强的人喜爱思考过去。他们通过研究过去的历史来理解现在(People strong in the Context theme enjoy thinking about the past. They understand the present by researching its history)。

13. 谨慎(Deliberative):在"谨慎"主题方面强的人被最好地描述为采取认真的注意去做决定或选择。他们可以预见障碍(People strong in the Deliberative theme are best described by the serious care they take in making decisions or choices. They anticipate the obstacles)。

14. 开发(Developer):在"开发"主题方面强的人能赏识和培养他人的潜能。他们能辨别出各个细小进步的标志以及从这些进步中获得满意(People strong in the Developer theme recognize and cultivate the potential in others. They spot the signs of each small improvement and derive satisfaction from these improvements)。

15. 纪律(Discipline):在"纪律"主题方面强的人喜欢例行公事的日程和结构。他们的世界被最好地描述为他们创造的秩序(People strong in the Discipline theme enjoy routine and structure. Their world is best described by the order they create)。

16. 移情(Empathy):在"移情"主题方面强的人能够通过想象他人的生活或他人的情景而理解他人的情感(People strong in the Empathy theme can sense the feelings of other people by imagining themselves in others' lives or others' situations)。

17. 专注(Focus):在"专注"主题方面强的人能抓住一个方向,沿着此方向前进,并且在前进的道路上停留做出修订。他们能区分优先次序,然后行动(People strong in the Focus theme can take a direction, follow through, and make the corrections necessary to stay on track. They prioritize, then act)。

18. 未来派(Futuristic):在“未来派”主题方面强的人通常被未来所激励以及被可能的事情所激励。他们用未来的景象鼓舞他人(People strong in the Futuristic theme are inspired by the future and what could be. They inspire others with their visions of the future)。

19. 融洽(Harmony 或“协调”):在“融洽”主题方面强的人爱寻找多数人的一致同意。他们不喜欢冲突,他们宁愿寻求一致的观点(People strong in the Harmony theme look for consensus. They don't enjoy conflict; rather, they seek areas of agreement)。

20. 构思(Ideation):在“构思”主题方面强的人常被观念所吸引。他们能够在看似各异的现象之间发现联系(People strong in the Ideation theme are fascinated by ideas. They are able to find connections between seemingly disparate phenomena)。

21. 包容(Includer,以前称为包容性 formerly Inclusiveness):在“包容”主题方面强的人可接受他人。他们能意识到那些感觉被孤立的人,而且努力去包容他们(People strong in the Includer theme are accepting of others. They show awareness of those who feel left out, and make an effort to include them)。

22. 个体化(Individualization):在“个体化”主题方面强的人对各个人的独特品质感兴趣。他们在构想如何把不同个性的人能高效地组织在一起工作方面具有天赋(People strong in the Individualization theme are intrigued with the unique qualities of each person. They have a gift for figuring out how people who are different can work together productively)。

23. 输入(Input):在“输入”主题方面强的人渴望知道更多。他们常常喜欢收集各种信息并对它们进行存档(People strong in the Input

theme have a craving to know more. Often they like to collect and archive all kinds of information)。

24. 智力活动(Intellection):在“智力活动”主题方面强的人以他们的显示智力的活动为特征。他们好内省而且重视智力讨论(People strong in the Intellection theme are characterized by their intellectual activity. They are introspective and appreciate intellectual discussions)。

25. 学习者(Learner):在“学习者”主题方面强的人有巨大的学习欲望,而且希望持续地进步。特别地,是学习的过程而不是学习的结果使他们兴奋(People strong in the Learner theme have a great desire to learn and want to continuously improve. In particular, the process of learning, rather than the outcome, excites them)。

26. 最佳化(Maximizer或完美):在“最佳化”主题方面强的人对优势聚焦作为促进个人与团体优越的手段。他们寻求把强的事情转变为更强(People strong in the Maximizer theme focus on strengths as a way to stimulate personal and group excellence. They seek to transform something strong into something superb)。

27. 积极性(Positivity):在“积极性”主题方面强的人有感染的激情。他们乐观,而且使其他人对他们将做的事情感到兴奋(People strong in the Positivity theme have an enthusiasm that is contagious. They are upbeat and can get others excited about what they are going to do)。

28. 关系人(Relator):在“关系人”主题方面强的人欣赏与他人的亲密关系。他们在与朋友一起勤奋工作以达到目的方面可找到强烈的满足(People who are strong in the Relator theme enjoy close relationships with others. They find deep satisfaction in working hard with friends to achieve a goal)。

29. 责任(Responsibility):在“责任”主题方面强的人心里拥有他们所说的和所做的。他们忠实于诸如诚实和忠诚之类的稳定价值观(People strong in the Responsibility theme take psychological ownership of

what they say they will do. They are committed to stable values such as honesty and loyalty)。

30. 恢复(Restorative):在"恢复"主题方面强的人擅长于解决问题。他们擅长于构思错误的东西而且解决它们(People strong in the Restorative theme are adept at dealing with problems. They are good at figuring out what is wrong and resolving it)。

31. 自信(Self-assurance):在"自信"主题方面强的人相信他们具有操纵他们生活的能力。他们内心拥有一个给他们信心的罗盘,他们坚信他们的决策是正确的(People strong in the Self-assurance theme feel confident in their ability to manage their own lives. They possess an inner compass that gives them confidence that their decisions are right)。

32. 重要性(Significance):在"重要性"主题方面强的人希望在别人眼里是很重要的。他们是独立的而且希望被公认(People strong in the Significance theme want to be very important in the eyes of others. They are independent and want to be recognized)。

33. 战略(Strategic):在"战略"主题方面强的人能创造可替代方式以持续发展。面对任何给定的情景,他们能迅速找到相关的模式和问题(People strong in the Strategic theme create alternative ways to proceed. Faced with any given scenario, they can quickly spot the relevant patterns and issues)。

34. 求爱(Woo):在"求爱"主题方面强的人热爱从事结识新朋友并赢得他们的挑战活动。他们能从打破僵局建立与她人的联系之中获得满意(People strong in the Woo theme love the challenge of meeting new people and winning them over. They derive satisfaction from breaking the ice and making a connection with another person)。